水培菜园

（日）伊藤龙三　著

张　岚　译

辽宁科学技术出版社
·沈阳·

欢迎来到水培菜园

与大家的想象相比，我的水培菜园其实非常狭窄，
只有一张榻榻米的大小。
尽管如此，四季交替之间，我家餐桌上总会摆着色彩丰富的蔬菜。
种菜的工具，全都是能在便利店买到的，所以投资并不大。
希望在各位读者家里，也能有一片丰富的水培菜园小天地。

水培菜园，非常适合这样的人！

- ☐ 想培育蔬菜，但没有足够的空间。
- ☐ 不想动土，希望尽可能在室内培育蔬菜。
- ☐ 在阳台上种植，难以使用土壤。
- ☐ 希望吃到无农药蔬菜。
- ☐ 不满足于小型种植，希望能进行真正的蔬菜种植。
- ☐ 希望在自己家里栽培蔬菜，但又想免掉浇水、松土的麻烦。
- ☐ 有过种植蔬菜失败的教训，希望这次能够成功。
- ☐ 没有空间用来保存各种各样的肥料和土壤。
- ☐ 学习种植蔬菜的知识太麻烦。
- ☐ 想让自己精心的培育见到丰硕的成果。
- ☐ 想种植地道的蔬菜，但是又不想刻意跑到外面租菜园。
- ☐ 即使食品价格上涨，也希望能每天都有蔬菜吃。
- ☐ 虽然家里有院子，但是土质不好无法种植蔬菜。

水培菜园 目录

Part 2　水培菜园中的绿叶蔬菜茁壮生长　23

Part 3   在水培菜园中轻松培育真正蔬菜！   63

Part 1

水培菜园的种植方法非常简单

用简单的道具创造出来的水培菜园，并不需要多复杂的种植手法。
播种，等待发芽，制作出水培容器，然后把幼苗固定在里面就可以啦。
接下来，只需要偶尔补充一些营养液，就可以守望成长，静待收获啦。

播种的基本方法
把种子放在海绵块上，等待发芽

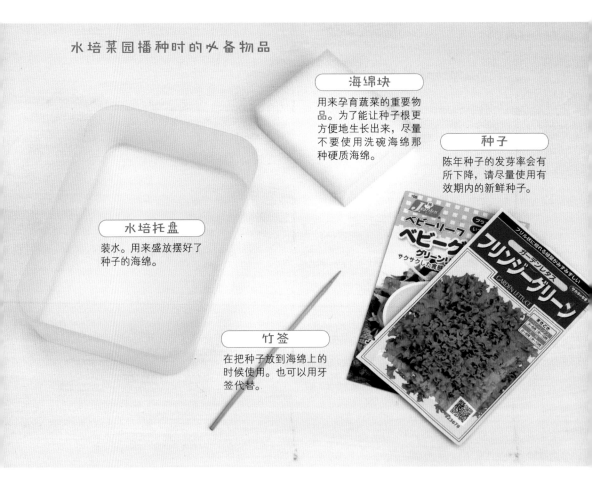

水培菜园播种时的必备物品

海绵块
用来孕育蔬菜的重要物品。为了能让种子根更方便地生长出来，尽量不要使用洗碗海绵那种硬质海绵。

种子
陈年种子的发芽率会有所下降，请尽量使用有效期内的新鲜种子。

水培托盘
装水。用来盛放摆好了种子的海绵。

竹签
在把种子放到海绵上的时候使用。也可以用牙签代替。

水培菜园的开端，与其说是学会播种，不如说是找到放种子的感觉。水培蔬菜的好处在于不会被土弄脏手，而且能够切实保证发芽率。

准备种子的水床

把海绵切成边长 2.5cm 的小方块，放在装水的水培托盘里，用手把里面的空气都挤出来。

▶ 要点

不可以使用三聚氰胺海绵。如果使用洗碗海绵，应该把硬质部分剪掉后使用。一定要把里面的空气挤干净，让海绵不会浮在水面上。

用竹签播种

用水把竹签打湿，然后蘸起种子，轻轻放在海绵上。放好种子以后，用吸管从上面滴几滴水，以确保种子发芽所需的水分。

▶ 要点

作为基本原则，应该在每一小块海绵上放 2 颗种子。可以先把种子都集中放在小盘子里，这样操作更方便。

避光等待发芽

在发芽之前都要小心保持种子的湿润程度，可以在上面盖一层面巾纸。水培托盘中的水分应保持在海绵一半的高度，同时应避免强光直射。

▶ 要点

面巾纸通常都是两层合成一张，应先将其分成单层后再使用。在移苗之前，可直接使用自来水。

确认发芽

新芽顶破上面的面巾纸，苗壮成长。在 2 瓣叶片清晰可见时，我们就终于迎来了向水培菜园移苗的时刻。

育苗的基本方法
在水培托盘中用营养液培育

培育蔬菜的必备物品

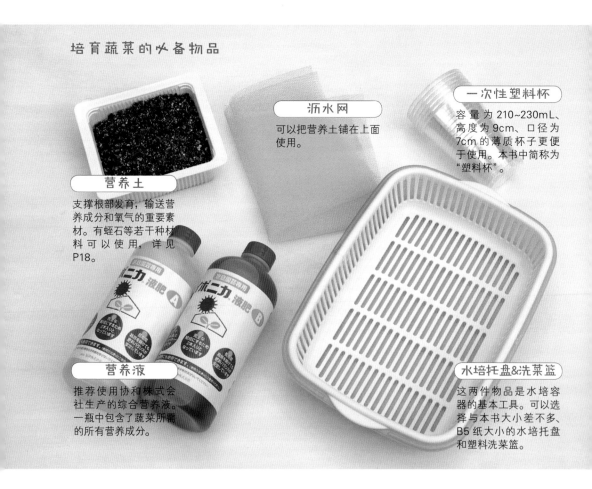

营养土

支撑根部发育，输送营养成分和氧气的重要素材。有蛭石等若干种材料可以使用，详见P18。

营养液

推荐使用协和株式会社生产的综合营养液。一瓶中包含了蔬菜所需的所有营养成分。

沥水网

可以把营养土铺在上面使用。

一次性塑料杯

容量为 210~230mL、高度为 9cm、口径为7cm 的薄质杯子更便于使用。本书中简称为"塑料杯"。

水培托盘&洗菜篮

这两件物品是水培容器的基本工具。可以选择与本书大小差不多、B5 纸大小的水培托盘和塑料洗菜篮。

按照"播种的基本方法"播种，发芽以后，就可以移苗到水培容器中，用营养液来栽培了。

1

确认长出了 2 瓣叶

按照"播种的基本方法"
（P8~P9）进行育苗，发芽后
10 天左右，可以确认是否已
经长出了 2 瓣叶。

2

制作水培托盘

把洗菜篮放在水培托盘中，
再把沥水网铺在洗菜篮上面。
稍后，这里将成为培育蔬菜
的菜园。

▶ 要点

大幅的沥水网用起来
更方便。如果沥水网
的大小不能盖住整个
水培托盘，也可以用
两张沥水网重叠在一
起来代替。

3

铺设营养土

把营养土铺在沥水网上面。本
书中的水培菜园，基本都是以
蛭石作为营养土。

▶ 要点

如果使用 B5 纸大小
的水培托盘，营养土
的分量为 1~1.5 塑料
杯。只要能完全盖住
沥水网即可。

4

制作营养液

"综合营养液"分为 A 液和 B
液两种，分别包装。可在 3L
的自来水中，分别加入 6mL
的 A 液和 6mL 的 B 液混合，
做成 500 倍的稀释营养液。

▶ 要点

在本书的水培菜园中，
所有的蔬菜都是用
500 倍稀释的综合营
养液，而不会因为蔬
菜的种类而改变营养
液的浓度。本书中的
营养液来自日本"协和
株式会社"。本书中所
涉及的营养液可由其
他水培营养液代替，
稀释的比例按其说明。

缓慢地注入营养液

缓慢地将营养液注入营养土上，直到营养土表面变得湿润为止。

▶ 要点

尽量不要让营养土表面凹凸不平，可以从洗菜篮侧面注入。

准备迎接幼苗

用小铲子把营养土表面整理平整。现在，用来培育蔬菜的水培容器就准备好了。

制作幼苗的容器

把 1 元硬币放在塑料杯底部，用油性笔画出圆形。在杯底最外侧边缘剪出两道口子。然后分别从裂口的中点向杯底正中心剪过去。最后把刚刚画出来的圆形剪掉。

▶ 要点

小巧的修眉剪使用起来非常方便。在杯底边缘下剪子的时候，需要剪出两条相对的裂口。详情请参考图中示意的红线。

幼苗与海绵块一起移苗

用筷子夹起出芽的海绵，插入塑料杯底部的圆孔中。

▶ 要点

海绵块需要从杯底伸出 2~3mm。幼苗的根部非常柔弱，小心不要碰伤。

9

用营养土稳定幼苗
用勺子盛起营养土,将塑料杯底和海绵块之间的缝隙填满。

▶ 要点
营养土填到能把海绵块盖住为止。

10

把幼苗摆在水培容器中
把固定在塑料杯中的幼苗从水培容器的一侧开始,轻轻地整齐摆放好。

11

补足不断减少的营养液
幼苗被放进水培容器中以后,营养土会吸收盆中的营养液,所以步骤5中注入的营养液会减少。稍微抬起洗菜篮,补足被吸收掉的营养液。

▶ 要点
洗菜篮放回去时,营养液能够溢到营养土表面即可。此后也应始终保持这样的营养液水平,及时补充。

12

预防绿藓生长
把铝制保温膜切成适当大小,覆盖在排列好的塑料杯中间、营养土的表面。

▶ 要点
一旦长出绿藓,菜园就会显得邋遢不美观,而且氧气都会被绿藓剥夺,难以渗透到蔬菜根部。

方便的栽培袋
茶叶包大展身手!

接下来，再介绍一个简单的栽培工具——茶叶包。
用来直接育苗，或者连同海绵块一起放进去培育都可以。
是非常便于使用的栽培袋。

用茶叶包制作小袋子

取一枚长 9.5cm、宽 7cm 左右的薄质无纺布茶叶包，把里面翻出来。把底部两边的袋角折起来靠在两侧，让茶叶包变成一个小盒子的形状，这就成了水培菜园中的便利栽培袋。

▶ 要点

如果能够买到两端有折层的茶叶包，栽培袋就更容易做了。

直接育苗

把茶叶包整齐地摆在水培容器中，里面放入厚度为 3cm（如果是豆类的话需要 4cm）的营养土，然后直接在上面播种。播种后，再薄薄地撒上一层营养土。

▶ 要点

尽量保持每个栽培袋中的营养土都一样多。确定好需要的分量，然后把塑料杯剪开，做成一个临时的小量杯，使用起来很方便。

作为小型栽培容器用来育苗

在栽培袋中放一小勺营养土，然后把按照"播种的基本方法"（P8）发出的幼苗连同海绵块一起放进来。然后放入 P15 介绍的专用容器中后，整齐摆放在水培容器里。

▶ 要点

放入专用容器中以后，底部应该包裹上铝箔。目的是为了避免阳光直射，防止生出绿藓。

● 制作专用容器 ●

1

塑料杯底边缘留白，在中心部画一个圆形。然后从杯底开始在杯侧面画出 4 条对称的竖线，高度约为杯子的 1/3。

▶要点
建议使用油性笔画线。

2

用一把小剪刀从杯子底面的边缘处入手，把刚刚画出的圆形剪掉，然后沿着侧面的线条剪出切口。

▶要点
侧面的切口也可以使用刀片切割。

3

把侧面切口的上下对应处分别剪开，剪出 2 个小窗口。完成。

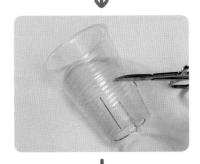

▶要点
完成以后从底部看，是这个样子的。

4

把茶叶包做成的栽培袋放进来，固定好。栽培袋的两个角从 2 个小窗口略微探出。

▶要点
如 P14 中说明的一样，下面应该用铝箔包裹遮光。

市场销售幼苗的培育方法
把菜苗移植到水培容器中

需要种植在土壤中的幼苗，一般也可以在水培菜园中茁壮成长。
关键在于从土壤向水培容器移苗的过程。按照本书介绍的方法操作，一定可以成功。

1

制作水培容器

首先准备好用来接收幼苗的容器，为保证透气性，可以在距离底部边缘 1cm 的位置尽可能多开几个小孔。然后把沥水网剪成合适的大小，铺在容器底部。

▶要点
关于容器的选择，可以使用直径为 15cm 左右的小桶，或者是差不多大小的厨房用洗菜篮。洗菜篮本身有足够的孔洞，可以省去开孔的步骤，非常方便。

2

放入营养土

无论使用铺了沥水网的小桶，还是洗菜篮，都需要在里面放入厚度 1cm 左右的营养土。到此为止，水培容器就准备好啦！

▶要点
可用来作营养土的材料，请参考 P18 的内容。

3

确认幼苗的大小

将幼苗和育苗容器一起放入水培容器中。请确保育苗容器的边缘比水培容器的边缘略低。

把幼苗从育苗容器中取出
从育苗容器下面向上推，顺势将幼苗取出。带土也可以。

▶ 要点
带土移苗，不会给植物根部造成伤害。这也是这种移苗方法的优点所在。

将幼苗放入水培容器中
把从育苗容器中取出的幼苗带土放入步骤2的营养土上面。

用营养土稳固住幼苗
另取一些营养土材料，填在幼苗根部土块和水培容器之间。填满之后，在土壤表面上再覆盖一层营养土。

▶ 要点
用勺子等工具，轻轻按压填在土壤和容器之间的垫层。这样能进一步使幼苗固定在容器中。

摆放到水培托盘中
将水培容器摆放到托盘中，注入营养液。营养液将会被营养土吸收，所以营养液的分量应该让垫层表面也变得湿润为止。

水培菜园使用的营养土
赋予根部空气的使命

水培菜园不使用土壤，而是通过营养土让蔬菜的根部呼吸氧气。
本书仅介绍几种通常使用、具有代表性的营养土素材。

蛭石

蛭石突然被高温加热，体积
会迅速膨胀到 10 倍以上。质
地非常轻，通气性能和保水
性能卓越。

▶要点
水培菜园中最常被用
到的营养土。

珍珠岩

珍珠岩是把石英岩等矿物质粉
碎后，高温处理形成的人工发
泡园林材料。由于其白色的粒
状外观而得名。

▶要点
看起来美观干净，所
以总会出现在室内栽
培的场合。不过，一
旦长出绿藻也非常显
眼，所以一定要防止
阳光直射。

椰子壳纤维

天然椰子壳被粉碎固化而成
的素材。由于被压缩成型，
吸水后体积会膨胀到 10 倍以
上。在水培菜园中，通常会
与蛭石混合使用。

▶要点
椰子壳纤维的营养土
通常比较紧致，所以
适合用来培育枝叶繁
茂、果实累累的蔬
菜。

● 制作混合营养土 ●

1

取一个圆柱形椰子壳纤维块，加入 1L 水，待其自然膨胀。然后再加入少量的水，使其膨胀到最大体积。

▶ 要点
园艺店出售的椰子壳纤维块，通常都是圆柱形、10 个一袋的。与砖块形的较大纤维块相比，圆柱形的小体积纤维块更便于使用。

2

用小铲子把膨胀后的椰子壳纤维块铲碎。

▶ 要点
椰子壳纤维块吸水后，体积会膨胀到 10 倍以上。被铲碎以后，体积会进一步增加。

3

把碎开的椰子壳纤维块集中到容器一侧，大约占容器一半的面积。

4

在空闲的一半，放入与椰子壳纤维块同等分量的蛭石。然后均匀地混合在一起。

▶ 要点
这样，我们就做成了椰子壳纤维蛭石的 1:1 混合营养土。

自动补水瓶的做法
充分利用矿泉水瓶

在水培菜园中，只要营养液供应不断，蔬菜就能够茁壮成长。
为了毫不费力但万无一失地做好营养液管理，让我们使用这款自
动补水瓶吧。

加工矿泉水瓶

在矿泉水瓶侧面与底部连接
的位置，画出一个比铅笔略
粗的圆形。然后用刀沿着圆
形边缘抠一个洞。这样，我
们的自动补水瓶就做好啦!

▶ 要点
矿泉水瓶可以选择
2L 的大瓶子也可以
选择 500mL 的小瓶
子。瓶子越大，更换
营养液的频率就越
低。相反，占的空间
就更大一些。

倒转过来装水

盖好自动补水瓶的盖子，把瓶
子倒转过来。然后从刚才开的
小洞处灌入营养液。或者用手
指堵住小洞，从瓶口灌入营养
液后再盖上盖子也可以。

▶ 要点
培育蔬菜的过程中，
如果营养液没有了，
也要用同样的方法补
充营养液。

固定在水培托盘中

把装了营养液的自动补水瓶
直立摆放在水培托盘的角落
里。托盘中的营养液高度达
到补水瓶小洞口时，营养液
就不会再向外流出了。

▶ 要点
刚开始使用时，可以
使用彩色托盘。营养
液从水瓶的小洞中流
出来以后，会有空气
进到瓶里的咚咚声，
同时瓶内的液面会下
降。另外，托盘中的
营养液高度与小洞高
度相同时，营养液就
不会继续流出来了。
如果营养液不怎么往
外流，可以把小洞改
大一些。

防虫网的做法
用洗衣袋来加工

叶子被害虫吃掉了？！特别是绿叶蔬菜，一定要谨防虫害。
使用防虫网，基本可以完美防范害虫的侵扰。

1

准备材料

准备通常用来防止衣物变形的洗衣袋和洗衣网兜。两者均可在便利店买到。

▶ 要点

洗衣网兜建议选择用来洗毛毯、毛巾用的圆柱形网兜。先确定网兜的尺寸，然后选择略大一些的洗衣网。

2

加工洗衣网兜

如右图所示，把网兜的提手、两个侧面和底面的网布去掉。

▶ 要点

注意不要紧挨着框架边缘剪切，框架边缘应该留出约 3cm 的网布，否则失去束缚，框架的形状就会变成圆形。

3

披上洗衣网完工

把洗衣网披在加工好的洗衣网兜上。别忘了要把拉链侧放在今后准备取、放水培托盘一侧。

▶ 要点

便利店中出售的洗衣网兜有多种规格。大号网兜可以罩住 3 个 B5 大小的托盘，小的能罩住 2 个托盘。

营养土和营养液的分量

在水培菜园的管理当中，营养土和营养液的分量都至关重要。
只要这里不发生错误，基本可以保证植物的茁壮成长。一定要牢
牢记住啊！

● 使用水培托盘

▶ 托盘 + 沥水网 +
洗菜篮
营养土：
深度 5mm~1cm
营养液：营养土表
面变得湿润为止

▶ 托盘 + 洗菜篮或者
洗菜篮
营养液：深度 1cm
（夏季约可保持 1 日，
冬季约可保持 3 日）

● 直接播种

▶ 在由茶叶包做成的栽培袋
中播种
营养土：
通常深度 3cm 即可，种植豆
类时需要 4cm 左右
＊播种以后，上面还要撒上
一些营养土

▶ 在直接育苗的容器中栽培
（3cm 方形容器）
营养土：
深度约为 2cm
＊播种以后，上面还要撒上
一些营养土

● 移苗

▶ 移苗到塑料杯容器中
营养土：
填满海绵与塑料杯之间
的间隙即可

▶ 移苗到由茶叶包做
成的栽培袋中
营养土：
1. 最初加入一小勺
2. 放入海绵后，继续
加入营养土填满幼苗
与栽培袋之间的间隙

● 移植幼苗

▶ 移植幼苗
营养土：
1. 最初深度约为 1cm
2. 幼苗被放置进去以后，继续加入
营养土填满幼苗与栽培袋之间的间隙
3. 最后幼苗根部应被完全覆盖

Part **2**

水培菜园中的绿叶蔬菜茁壮生长

在水培菜园中种植蔬菜的特点是，从发芽到收获的时间非常短。

可以在室内栽培也是一大优点。

特别是冬季，室外寒风凛冽，室内栽培的蔬菜依旧茁壮生长。

 从第 24 页开始，在每种蔬菜的种植方法中标注的"水培菜园日历"，是根据作者居住的神奈川县横须贺市的天气情况安排的。具体的播种、栽培时间要根据您所在地区的气候作适当调整。

绿叶生菜

"说到沙拉，希望随时有新摘下来的生菜！"有了水培菜园以后，这个愿望就不再是奢求。让我们一边复习"基本的培育方法"，一边再详细说明绿叶生菜培育方法吧。

⊟水培菜园的日历

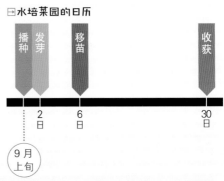

| 播种 | 发芽 | 移苗 | 收获 |

2日　6日　　　　30日

9月上旬

● 播种的时间

中部地区 ⊟ 2月上旬—4月上旬
　　　　　8月下旬—9月上旬

寒冷地区 ⊟ 3月上旬—5月上旬

温暖地区 ⊟ 1月中旬—3月上旬
　　　　　9月上旬—9月下旬

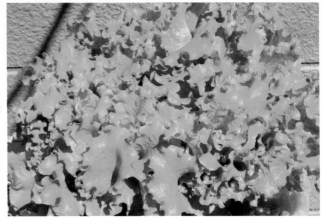

1

种植准备

参考"播种的基本方法"（P8~P9）的内容，让种子发芽。幼苗长到如右图的程度以后，就可以准备移苗了。

▶ 要点
根部应该发育到这个程度，小心不要碰伤根部。

2

制作水培托盘

参考"育苗的基本方法"（P10~P13）的内容，兑好综合营养液。在托盘里的洗菜篮上面铺好沥水网和蛭石，缓缓注入营养液。

▶ 要点
营养液的分量，要保证让蛭石的表面充分湿润。注意水不要过多。

3

定位种子的温床

参考"育苗的基本方法"的内容，把幼苗固定在塑料杯中。然后用勺子把蛭石撒在海绵周围。

▶要点

蛭石的分量，要薄薄地盖满海绵的表面。

4

水培菜园完成

从水培托盘的边缘开始，把固定好幼苗的塑料杯整齐地摆放进去。最后，将铝箔纸铺在暴露在外的蛭石表面。

▶要点

把塑料杯摆放到水培托盘里去的时候，要小心不要压迫到露出杯底的海绵部分，轻拿轻放。

5

守望成长

生菜会在水培菜园中苗壮成长，密切观察确保有足够分量的营养液。一旦营养液全部被吸收，应该马上补充。

▶要点

营养液的分量过多，反而会影响根部吸收氧气。所以只要保证蛭石表面潮湿即可。

6

期待已久的收获

绿叶长到了令你满意的大小以后，就可以收获了。不要整棵拔起，应该从外侧的叶子开始一点一点收获。

▶要点

即使外部的叶子被摘掉，里面还是会生出新芽。这样，收获的时间能整整持续1个月。

● 在室内也能培育 ●

1

把水培托盘放置在阳光充裕的窗边。详情请参考"育苗的基本方法"（P10~P13）的内容。

▶ 要点

只要阳光充裕，隔着玻璃窗也可以。特别是上午阳光充裕的地点为最佳。

2

即使是在室内，阳光充裕的地方也会导致营养液蒸发得很快。请随时确认营养液的分量是否充足。

3

室内种植的作物，大多数情况下生长速度要更快一些。长到了右图这样的程度，就差不多可以收获了。

▶ 要点

从外侧叶子开始收获，方法与室外种植的蔬菜是一样的。

4

如果生长的速度比收获的速度还要快，已经到了塑料杯支撑不住的情况，可以将整个水培托盘一起放入更大的塑料袋（超市购物袋即可）中继续培育。

▶ 要点

把塑料袋侧面立起来，就成了巨型容器。

紫叶生菜

把紫叶生菜和绿叶生菜混合在一起，能让沙拉菜盘看起来更丰富。而且在水培菜园中，紫叶生菜也显得格外美丽。

☐ 水培菜园的日历

播种	发芽	移苗	收获
	4日	12日	45日

10月上旬

- - - - - - - - - - - - - - - - - - - -

● 播种的时间

中部地区 ☐ 2月上旬—3月上旬
9月上旬—10月上旬

寒冷地区 ☐ 3月中旬—3月下旬
8月中旬—9月上旬

温暖地区 ☐ 1月上旬—2月中旬
9月下旬—11月中旬

固定在水培托盘中

参考"播种的基本方法"（P8~P9）的内容，让种子发芽。参考"育苗的基本方法"（P10~P13）的内容，把幼苗固定在水培托盘中。

▶ 要点

转移到水培托盘以后，不要耽搁，请马上罩上防虫网（P21）。一旦大意，即使在冬天，绿叶蔬菜也会受到害虫的侵袭。一定要小心。

2

守望叶子的生长

叶子成长一段时间以后，叶尖会逐渐出现颜色。只要随时保持充足的营养液，就不需要担心什么了。

▶ 要点

移苗1个月以后，叶片也依然是全绿的。稍后才会逐渐出现颜色。

散叶生菜

叶片边缘有花边一样的褶皱，是新品种的生菜。与沙拉酱的契合度非常高，很容易成为一道出色的沙拉。

水培菜园的日历

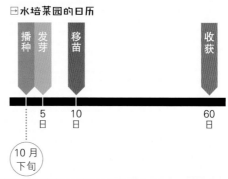

播种	发芽	移苗	收获
	5日	10日	60日

10月下旬

- - - - - - - - - - - - - - - - -

● 播种的时间

中部地区 → 2 月下旬—5 月上旬
　　　　　9 月上旬—10 月下旬

寒冷地区 → 2 月下旬—5 月上旬

温暖地区 → 2 月下旬—5 月上旬
　　　　　9 月上旬—10 月下旬

1

在栽培袋中播种

在茶叶包做成的栽培袋（P14）中放入约 3cm 厚的蛭石，然后播种。在一个栽培袋中放入 3~4 粒种子即可。

▶ 要点

播种前，要先从水培托盘和洗菜篮侧面倒入一些自来水，润湿蛭石。

2

固定在水培容器中

幼苗发育到这个程度，就应该做好栽培袋专用的容器（P15），然后把栽培袋放在里面。

▶ 要点

栽培袋的四边应从容器的小窗口探出一些。别忘了包上遮光用的铝箔纸。

3

准备水培托盘

在洗菜篮上面铺好沥水网，然后倒入 1cm 左右的蛭石，铺平。

▶ 要点

请参考"育苗的基本方法"（P10~P13）内容，从托盘的侧面缓缓倒入营养液。

4

水培托盘完成

把固定好幼苗的塑料杯整齐地摆在蛭石上面。最后，把铝箔纸铺在暴露在外的蛭石表面。

5

营养液管理

完成水培托盘以后，每天都应该进行营养液的管理。营养液太多会导致蔬菜发育迟缓，因此营养液只要保持在蛭石表面湿润的程度即可。

▶ 要点

可以把洗菜篮抬起来，以便确认水位。

6

守望成长，静待收获

移植到水培托盘里以后，蔬菜的生长会非常迅速。请时刻关注营养液的多少，安心地等待收获吧。

混搭沙拉生菜

5种形态各异的生菜混合在一起栽培。趁叶子还没有长成，摘取嫩叶也非常合适。

↑水培菜园的日历

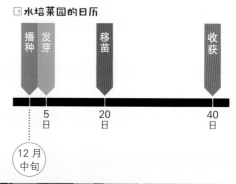

播种 发芽　移苗　　　　收获

5日　20日　　40日

12月中旬

● **播种的时间**

中部地区 → 2月下旬—5月下旬
　　　　　 9月上旬—1月下旬

寒冷地区 → 2月下旬—5月下旬
　　　　　 9月上旬—1月下旬

温暖地区 → 2月下旬—5月下旬
　　　　　 9月上旬—1月下旬

1

准备移苗

参考"播种的基本方法"（P8~P9）的内容，让种子发芽。幼苗长到右图的程度以后，就可以准备移苗了。

▶ 要点

伏天不适合播种。相比之下，春、秋的生长速度更快。冬季播种时，需要更长的时间才能看到幼苗，请耐心地等待。与左图相比，更早一点儿移苗也可以。

2

开始收获

参考"育苗的基本方法"（P10~P13）的内容培育幼苗。叶片长到这么大，就可以收获了。

▶ 要点

幼苗有一种独特的苦味，所以即使偏爱幼苗的味道，也要等到叶片宽度达到7cm左右时再食用比较好。

结球生菜

结球生菜的口感非常好，也适合在水培菜园中栽培。可以买市场销售的幼苗回来培育，别忘了应该从外侧的叶子开始收获。

水培菜园的日历

移苗　　　　　　　　　　收获

25
日

10 月
上旬

● 播种的时间

中部地区	2 月中旬—3 月中旬 9 月下旬—10 月下旬
寒冷地区	3 月上旬—5 月上旬
温暖地区	2 月上旬—3 月中旬

1

制作水培容器

参考"市场销售幼苗的培育方法"（P16~P17）的内容移植幼苗。在花盆侧底面开几个小洞，使用珍珠岩作为培养基。

▶ 要点

除了小花盆以外，还可以使用直径 10cm 的小洗菜篮。在里面铺一层沥水网，轻松完成水培容器的制作。

2

固定在水培托盘里

在托盘中注入约 1cm 深的营养液，然后把水培花盆固定在里面。请时刻关注营养液的多少。

▶ 要点

移苗以后大约需要 2 周的时间才能开始结球。

31

半结球生菜

柔软的叶片，结实的菜根……半结球生菜可以充分体验到两种不同的口感。

⊟ 水培菜园的日历

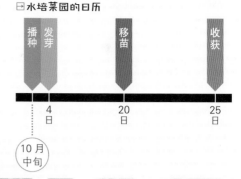

播种	发芽	移苗	收获

4日　　　20日　　　25日

10月
中旬

● **播种的时间**

中部地区 ⊟ 2月上旬—5月中旬
　　　　　8月中旬—10月下旬

寒冷地区 ⊟ 3月中旬—6月下旬

温暖地区 ⊟ 1月中旬—4月下旬
　　　　　8月下旬—10月下旬

1

在栽培袋中播种

在茶叶包做成的栽培袋（P14）中放入蛭石，然后在每个栽培袋中放入3~4粒种子。

▶ **要点**

播种后，要从水培托盘侧面倒入约1cm深的自来水。幼苗发育到3cm左右以后，需要间苗（每个栽培袋里1株幼苗）。然后把栽培袋移到塑料杯中。

2

固定在水培托盘中

参考"育苗的基本方法"（P10~P13）的内容，把移入了幼苗的塑料杯摆放在水培托盘中。放好以后从洗菜篮的侧面注入营养液，直到蛭石表面湿润为止。

▶ **要点**

摆放到水培托盘以后，大约需要25天的时间才能收获。幼苗虽然小巧精致，但是每株都可以苗壮成长。

苦苣

有一种朦胧的苦味，与其他品种的生菜放在一起做沙拉，恰好调整了味道。用来做意大利面配料也非常合适。

⊟ 水培菜园的日历

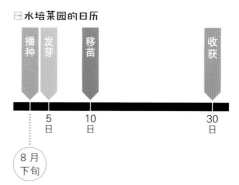

播种　发芽　移苗　　　　　　　收获

5日　10日　　　　　　30日

8月下旬

● 播种的时间

中部地区 ⊟ 3月上旬—4月下旬
　　　　　8月上旬—9月上旬

寒冷地区 ⊟ 4月下旬—8月上旬

温暖地区 ⊟ 2月下旬—4月上旬
　　　　　8月中旬—9月中旬

1

种植准备

参考"播种的基本方法"（P8~P9）让种子发芽，再参考"育苗的基本方法"（P10~P13），把幼苗移植到水培托盘中。

▶ 要点
苦苣是横向生长的蔬菜，所以像左图一样在杯子侧面开孔可以增强透气性。

2

期待已久的收获

充分成熟以后，苦味也会随之增强，所以建议收获时间要比生菜早一点儿。

大叶生菜

烤肉的时候总会用到大叶生菜。在商店购买的话，价格也不便宜。还是自己培育，跟家人一起吃个够吧！

→ 水培菜园的日历

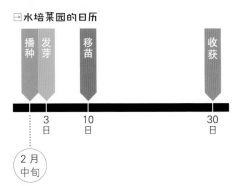

播种	发芽	移苗		收获

3日　10日　　　　30日

2月中旬

● 播种的时间

中部地区 → 2月中旬—5月中旬
8月中旬—9月中旬

寒冷地区 → 3月上旬—7月中旬

温暖地区 → 1月下旬—4月下旬
9月上旬—9月下旬

1

移植幼苗 ①

参考"播种的基本方法"（P8~P9）让种子发芽，然后带着海绵块一起放入茶叶包做成的栽培袋里，填好蛭石，转移到塑料杯中。

▶ 要点

洗菜篮放入水培托盘中，铺好沥水网。放入1cm厚的蛭石，注入营养液，然后再把塑料杯摆进来。

移植幼苗 ②

在乳酸菌饮料的小瓶子底部多开几个小洞，然后放入约5mm深的蛭石，把幼苗和海绵块放进来，然后做出与①相同的水培托盘，摆在里面。

▶ 要点

把沥水网剪成5cm左右的小方块，包在饮料瓶底部，用橡皮筋固定。

移植幼苗 ③

把幼苗和海绵块放入大小为3cm左右、连在一起的育苗格中，填入营养土直到盖住海绵块为止。然后把整个育苗盆放进水培托盘中。

▶要点

在每个育苗格的底部开4个小洞，侧面开1个小洞。使用珍珠岩和椰子壳纤维混合而成的营养土。

固定水培容器

伴随蔬菜的生长，②的乳酸菌饮料瓶会有歪倒的趋势。这时候可以把塑料杯的底部剪掉，然后把饮料瓶坐在里面。

再次移植幼苗

伴随着③的幼苗生长，枝叶会越来越茂盛。这时需要把连接着的育苗格一个一个分离。用剪刀减掉中间连接的部分，放入底部被剪掉了的塑料杯中，然后摆到水培托盘里。

▶要点

减掉中间连接的部分，是为了方便放入塑料杯里。

期待已久的收获

以上3种不同方法培育出来的幼苗，都会以相同速度生长。

▶要点

与其他品种的生菜相同，都要从外侧叶子开始收获。整个收获过程可以延续1个月的时间。

奶油生菜

作为生菜家族中的一员，具有难得的耐热性，而且生命力非常旺盛。用生叶子来做沙拉有与众不同的口味。

水培菜园的日历

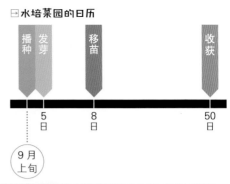

播种　发芽　　移苗　　　　　收获

5日　8日　50日

9月上旬

● **播种的时间**

中部地区 → 3月上旬—9月上旬

寒冷地区 → 3月中旬—8月上旬

温暖地区 → 2月中旬—10月上旬

制作水培托盘

把新发芽的幼苗带着海绵块一起放入茶叶包做成的栽培袋（P14）里，填好蛭石，转移到塑料杯中。参考"育苗的基本方法"（P10~P13），整齐摆入水培托盘内。

▶ **要点**

洗菜篮放入水培托盘中，铺好沥水网。放入 5mm~1cm 深的蛭石，注入营养液，然后再把塑料杯摆进来。

静心期待收获

即使只收获外侧叶片，每次也能在一株蔬菜上摘到 20 多片菜叶。只要留好菜心，马上就会发出新的叶子。继续期待下次收获吧。

皱叶生菜

日文中，生菜的名字叫作"皱菜"。据说是奈良时代传入日本，然后被运用到各地的乡土菜肴中。如果沙拉吃腻了，可以试试蘸醋或者蘸酱吃。

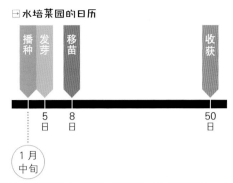

水培菜园的日历

播种 发芽	移苗		收获
5日	8日		50日

1月中旬

● **播种的时间**

中部地区 → 1月中旬—4月上旬
　　　　　 8月下旬—9月上旬

寒冷地区 → 3月上旬—5月上旬

温暖地区 → 1月上旬—3月上旬
　　　　　 9月上旬—9月下旬

1

移植到栽培袋中

把新发芽的幼苗带着海绵块一起放入茶叶包做成的栽培袋（P14）里，填好蛭石。蛭石高度与海绵块持平。

▶ 要点

把5cm见方的育苗盘一个一个分开，在每个侧壁上切出缝隙，放入栽培袋。水培托盘中装入1cm左右深的营养液，然后把育苗盘整齐地摆在里面。

2

静心期待收获

即使只从外侧开始收获，收获的乐趣也可以体验很长时间。这一点与其他品种的生菜相同。

油菜

培育小棵油菜，虽然个子小，但是根部圆润饱满，甘甜口味也足够浓厚。

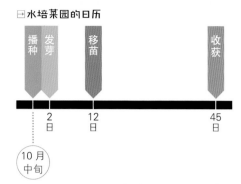

- - - - - - - - - - - - - - -

● 播种的时间

中部地区 ➡ 3 月上旬—11 月上旬

寒冷地区 ➡ 3 月中旬—10 月中旬

温暖地区 ➡ 3 月上旬—11 月上旬

1

固定在水培托盘中

参考"播种的基本方法"（P8~P9）让种子发芽，然后参考"育苗的基本方法"（P10~P13）把幼苗摆在水培托盘中。

▶ 要点
种植油菜应该使用蛭石。

2

静待收获

一旦将幼苗放入水培托盘中，生长的速度就会加快。只需要 10 天左右，幼苗就会从塑料杯中探出小脑袋。剩下的工作，就只有密切关注营养液的多少，静待收获了。

1

用其他方法播种

在每个育苗格的底部和侧面打开若干小洞，装满蛭石后播种。

▶要点
每个育苗格中播 3~4 粒种子即可。种子放好以后，再撒一些蛭石在上面。

2

准备移苗

如右侧照片，枝叶茂密到这个程度以后，就应该准备移苗了。分苗后每个育苗格中只能有一株幼苗，然后把育苗盆一个一个剪开。

3

固定在水培托盘中

与大叶生菜（P34）的培育方法一样，剪掉育苗格边缘突出的部分，放入底部被剪掉的塑料杯中，然后整齐地摆放在装好了营养液的水培托盘里。

4

期待已久的收获时节

一边关注营养液的分量，一边安心等待收获吧。无论使用哪种方法，放入水培托盘里以后，还需要 1~1.5 个月才能收获。

▶要点
根部开始膨胀时，就到了收获的最佳时机。一定要在叶尖开始变黄之前收获。

茼蒿

冬季火锅中不可或缺的蔬菜，也是日常餐桌上频频出镜的人气蔬菜。本书中介绍两种简单便捷的栽培方法。

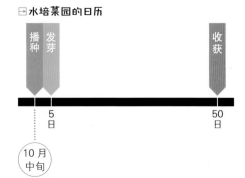

⊟ 水培菜园的日历

播种 发芽 收获

5日   50日

10月中旬

● 播种的时间

中部地区 → 3月上旬—10月中旬
寒冷地区 → 4月中旬—8月下旬
温暖地区 → 3月上旬—10月中旬

1

等待发芽 ①
把沥水网铺在水培托盘里的洗菜篮上，然后装入约1cm深的蛭石。把种子撒在蛭石上，再轻轻盖上一层蛭石。

▶ 要点
播种以后，从侧面轻轻抬起洗菜篮，向水培托盘里倒入自来水。水分能够被吸收到表层的蛭石即可。

等待发芽 ②

用茶叶包制作栽培袋（P14），放入6×6的连接育苗格中。装入2cm深的蛭石，分别播3~4粒种子。

▶ 要点
在每个育苗格底部和侧面开若干小洞。播种以后再轻轻撒一层蛭石，摆放在托盘里以后倒入自来水的步骤与①相同。

2

浇灌营养液

幼苗发育到右侧照片的程度以后，就可以把托盘中的自来水倒掉，换成营养液了。使用方法①和方法②发出的幼苗均可。

3

守望成长

无论是在①的托盘中或是在②的育苗格中，幼苗都会以几乎同样的速度成长。茼蒿无须进行移苗，所以我们只需注意营养液是否充足，然后默默守望就好了。

4

确认茼蒿叶片

播种以后大约需要 30 天的时间，才能看到叶片长成了茼蒿的形状。

▶要点
请确认①和②中，茼蒿的生长速度基本相同。

5

充分享受收获的乐趣

叶片长大以后，就迎来了收获的时节。

▶要点
与一般生菜相同，从外侧开始摘叶子。可以享受 1 个月的采摘时间。

日本芜菁 （水菜）

可以用在各种料理中。即使用来做沙拉，也是一种方便美味的蔬菜。一口咬下去唇齿留香，正是得益于水培菜园的培育。

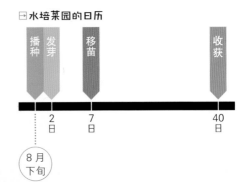

▣ 水培菜园的日历

播种　发芽　移苗　　　　　　收获

8月
下旬

2
日

7
日

40
日

● 播种的时间

中部地区 ⊡ 3 月中旬—10 月上旬

寒冷地区 ⊡ 4 月中旬—9 月上旬

温暖地区 ⊡ 3 月中旬—10 月上旬

1

固定在水培托盘中

参考"播种的基本方法"（P8~P9）让种子发芽，然后参考"育苗的基本方法"（P10~P13）把幼苗摆在水培托盘中。

▶ 要点

要确认枝叶发育到上图的大小、叶片边缘非常挺拔的时候，才可以移苗到水培托盘中。

2

静待收获

密切关注营养液是否充足，守望成长。

▶ 要点

伴随幼苗的成长，漂亮的白色根茎不断长高，越来越有水菜的风范。

壬生菜

作为酱汤的素材，煮汤、炒菜都很合适，一直广受喜爱，与水菜相似，但别具特殊的微辣口感。

□ 水培菜园的日历

播种	发芽	移苗		收获
	2 日	7 日		40 日

8 月中旬

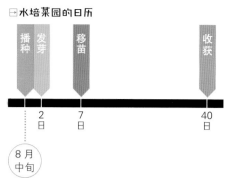

● 播种的时间

中部地区 □ 8 月中旬—11 月上旬
寒冷地区 □ 5 月上旬—6 月中旬
温暖地区 □ 8 月中旬—11 月上旬

1
固定在栽培袋中

参考 "播 种 的 基 本 方 法"（P8~P9）让种子发芽后，把幼苗装入用茶叶包做成的栽培袋里，再向栽培袋里填补一些蛭石。

▶ 要点
只需要一小勺蛭石即可，填充在种子生根的海绵块和茶叶包之间的缝隙处。

2
固定在水培容器中

此 处 的 容 器，可 以 使 用 350mL 罐装啤酒 4 罐装的塑料罐托。在大小适中的托盘中装入营养液，然后把步骤 1 的栽培袋逐一放入罐托空当，再把整个罐托放入水培托盘中。

▶ 要点
在啤酒罐用罐托的底部打孔，在罐托侧面开缝。这样用起来更加方便，可以轻松把蔬菜高度培育到 30cm。

芥菜

广为流传的传统蔬菜，种子可以成为辣椒酱或中药的原料。本书中种植的是皱叶的芥菜品种。

⊟ 水培菜园的日历

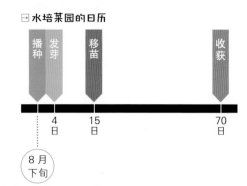

播种	发芽	移苗		收获
	4日	15日		70日

8月下旬

● **播种的时间**

中部地区 ➡ 3月上旬—3月下旬
　　　　　　8月下旬—10月中旬
寒冷地区 ➡ 4月中旬—8月上旬
温暖地区 ➡ 2月下旬—3月下旬
　　　　　　9月上旬—10月下旬

1

固定在水培托盘中
参考"播种的基本方法"（P8~P9）让种子发芽，然后参考"育苗的基本方法"（P10~P13）把幼苗摆在水培托盘中。

2

守望成长
特别是夏季栽培时，成长非常迅速。请时刻注意营养液是否充足。

▶ **要点**
特征是枝叶会像翅膀一样分开，数量不断增加。

日本芥菜（野泽菜）

野泽菜也可以在水培菜园中茁壮成长。虽然是室内栽培，但是成熟以后，枝叶的大小完全不会输给在土地里种出来的芥菜。

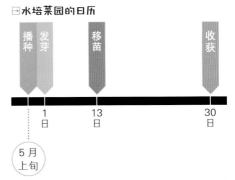

水培菜园的日历

播种	发芽	移苗	收获
	1日	13日	30日

5月上旬

● 播种的时间

中部地区 ⇨ 3月下旬—5月下旬
　　　　　9月上旬—9月下旬

寒冷地区 ⇨ 8月上旬—8月下旬

温暖地区 ⇨ 3月中旬—4月下旬
　　　　　9月中旬—10月下旬

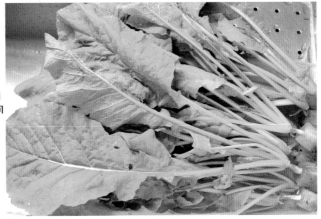

1

把幼苗移苗到小花盆中
参考"播种的基本方法"（P8~P9）让种子发芽，然后将幼苗连带海绵块一起移苗到直径9cm的花盆中，整齐摆放到注入了营养液的水培托盘里。

▶ 要点
在花盆底铺一小勺蛭石，放入幼苗海绵块，然后继续填充蛭石将海绵块固定好。

2

固定在水培容器中
枝叶成长起来以后，应当防止它们分散开来。可以摘掉塑料杯的底部，然后从上往下套在枝叶外面。周围可以再填充一些蛭石来固定塑料杯。

▶ 要点
室内培育也能茁壮成长。从根部开始全长可以达到35cm。

雪里红

腌在咸盐里使其自然乳酸发酵，做出的咸菜美味可口。用来炒饭、做面条配料都很可口。从自家的水培菜园中采下来的新鲜叶子，更是可以用在很多其他菜品中。

□ 水培菜园的日历

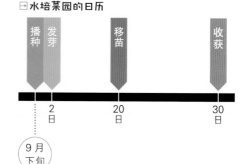

播种	发芽	移苗	收获
	2 日	20 日	30 日

9 月下旬

● 播种的时间

中部地区 → 8 月下旬—10 月中旬
寒冷地区 → 7 月下旬—9 月上旬
温暖地区 → 9 月中旬—12 月中旬

1

按照基本播种方法播种
参考"播种的基本方法"（P8~P9）让种子发芽，幼苗长到如右图一样大小的时候就可以准备移苗了。

▶ 要点
幼苗发育出来的样子。

2

移苗
将幼苗连带海绵块一起移到茶叶包做成的栽培袋（P14）中，然后把蛭石填充在海绵块和栽培袋之间。

▶ 要点
把沥水网铺在水培托盘里的洗菜篮上，然后装入约 1cm 深的蛭石。把栽培袋整理摆放在蛭石上，再注入充足的营养液直到蛭石表面湿润。

3

准备大一点的容器

取一个较大的塑料啤酒杯，用油性笔在底面画两个半圆，侧面画两个 1cm 左右的椭圆。然后用刀沿着线抠出孔洞。

▷要点
蔬菜长大以后，就应该准备体积更大一些的容器了。

4

准备营养土

把沥水网剪成边长 5cm 的小方块，铺在容器底部。倒入两小勺蛭石。

▷要点
铺垫一点蛭石，可以让根部更好地吸收氧气。

5

移苗到新的大塑料杯里

在每个塑料杯容器中，放入 2 个栽培袋，然后把塑料杯整体摆入铺垫了蛭石的水培托盘中。

▷要点
在茶叶包栽培袋侧面剪出豁口，一个塑料杯正好能容纳 2 个栽培袋。

6

守望成长

叶子一天一天地长大，不断成长。收获的时节越来越近了。

▷要点
营养液被吸收的速度不断加快，要小心别被吸干了。

小白菜

小白菜叶片柔软没有怪味。适合过水之后凉拌食用，也可以用来做咸菜。

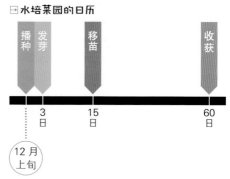

水培菜园的日历

播种 发芽	移苗	收获

3日　　15日　　60日

12月上旬

● 播种的时间

中部地区 → 全年

寒冷地区 → 4月上旬—9月上旬

温暖地区 → 全年

1

种植准备

参考"播种的基本方法"（P8~P9）让种子发芽，再参考"育苗的基本方法"(P10~P13)，把幼苗移到水培托盘中。

▶ 要点

移苗以后的生长速度会突然提升。

2

静待收获时节

时刻关注营养液分量，静静地等待收获。如果不希望生出绿藓，可以把抽屉垫纸剪成合适的大小，放在水培容器下盖住蛭石。

▶ 要点

收获时候，菜茎洁白可爱。

红梗厚皮菜

耐热性强，与菠菜同种。除了红梗品种以外，还有黄梗、紫梗等很多品种。

⊞ 水培菜园的日历

播种	发芽	移苗		收获
	2日	7日		60日

7月下旬

- - - - - - - - - - - - - - -

● **播种的时间**

中部地区 → 4 月上旬—9 月下旬
寒冷地区 → 5 月中旬—8 月中旬
温暖地区 → 3 月中旬—10 月下旬

在育苗盘中播种

首先在 3cm 见方的育苗格中放入 2cm 深的蛭石，然后在每一个育苗格中放入 3~4 粒种子，最后在上面撒一些蛭石。接下来就可以等待发芽了。

▶ **要点**

如上图照片所示，在每个育苗格的侧面切出豁口。播种以后，将其放在盛好了自来水的托盘中。

2 移苗到水培托盘里

幼苗发芽以后，就应该准备移苗了。把育苗格一个一个剪开，装入剪了底的塑料杯中，然后摆放在水培托盘里。

▶ **要点**

水培托盘里需要事先注入营养液，放入洗菜篮和沥水网。沥水网上面还应当铺好约 1cm 深的蛭石。

49

冰菜

叶片表面的小隆起有种不可思议的口感。另外，由于叶面有盐囊使其入口有盐味，是广受热评的新品种蔬菜，生食最佳。

⊟ 水培菜园的日历

| 播种 | 发芽 | | 移苗 | | 收获 |

7日　18日　60日

9月下旬

● 播种的时间

中部地区 ➡ 2 月中旬—4 月上旬
　　　　　8 月下旬—10 月下旬
温暖地区 ➡ 2 月中旬—4 月上旬
　　　　　8 月下旬—10 月下旬

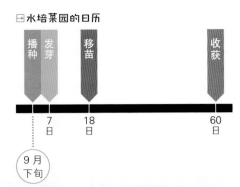

1

在育苗格中播种

首先在 3cm 见方的育苗格中放入 2cm 深的蛭石和珍珠岩，然后在每一个育苗格中放入 3~4 粒种子。把育苗格整个放在注入了自来水的托盘中，等待发芽。

▶ 要点
发芽时间会有所不同。使用珍珠岩时，即使发芽，根部也很难向下伸展牢固，所以幼苗生长较慢。

2

准备栽培容器

我们可以利用空酸奶瓶。如右图，在底部多开几个孔洞。

3
移苗
首先在栽培容器里装入8成营养土，然后用勺子，围着已发芽的幼苗根部多盛起来一点土，整个移植到栽培容器中。然后再填入一些营养土，把幼苗根部固定住。

▶ 要点
此处的营养土可以使用蛭石和珍珠岩的混合物。小苗根部非常纤弱，所以移苗时请一定要小心谨慎。

4
固定在水培容器中
水培托盘里放入洗菜篮和沥水网。沥水网上面还应当铺好约1cm深的蛭石。然后把3的栽培容器整齐摆放进来。

▶ 要点
把洗菜篮侧面抬起，注入营养液，直到营养土表面湿润为止。

5
用海绵块固定根部
随着生长，叶片的重量会导致根部重心不稳。为了固定好根部，可以参考"播种的基本方法"（P8~P9），使用海绵固定住根部。

▶ 要点
这个阶段，叶片表面就会开始出现冰菜特有的水滴状隆起。

6
静待收获时节
侧面不断生出新芽，叶片不断增加，这时已经非常接近收获的时节了。请时刻关注营养液是否充足。

▶ 要点
水培托盘里需要事先注入营养液，放入洗菜篮和沥水网。沥水网上面还应当铺好约1cm深的蛭石。

豆瓣菜

不仅可以用来做沙拉，还可以做汤、下火锅，是一种用途广泛，味道微辣爽口的特色蔬菜，在培育过程中略有窍门。

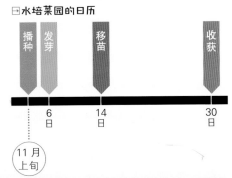

播种	发芽	移苗	收获
	6日	14日	30日

11月上旬

- - - - - - - - - -

● 播种的时间

中部地区 ➡ 2月下旬—11月上旬

寒冷地区 ➡ 3月上旬—10月中旬

温暖地区 ➡ 2月中旬—11月下旬

移苗至水培托盘中

参考"播种的基本方法"（P8~P9）的内容让种子发芽，然后向一个大号茶叶包做成的栽培袋里移植2株幼苗。在栽培袋和海绵块之间填充蛭石，使根部稳固。

▶ 要点

用大号茶叶包做栽培袋的方法也是一样的（P14）。在水培托盘内放入营养液、洗菜篮，不需要蛭石，直接把栽培袋摆进去即可。

生长过程中需要更换托盘

根部会不断地发出新芽，横向扩张。叶子越来越多的时候，可以根据实际的状况更换更大的水培托盘。

▶ 要点

要选择比洗菜篮大一圈或大两圈的托盘才行。

芝麻菜

在家里做意大利菜的时候，一定会想到绿叶子的芝麻菜。在水培菜园中可以简单地培育出芝麻菜。

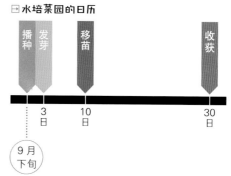

📋 水培菜园的日历

播种 发芽	移苗	收获
3日	10日	30日

9月下旬

🔵 播种的时间

中部地区 ➡ 4月上旬—7月中旬
　　　　　 9月上旬—10月中旬

寒冷地区 ➡ 5月中旬—9月中旬

温暖地区 ➡ 3月中旬—6月下旬
　　　　　 9月中旬—11月上旬

移苗到栽培袋中

参考"播种的基本方法"（P8~P9）的内容让种子发芽，然后带着海绵块一起放进栽培袋（P14）里。填入珍珠岩，覆盖住海绵块，然后摆放到水培托盘中。

▶ 要点

每株发出来的叶子不多，可以在每个海绵块上播3粒种子。水培托盘中的营养液有1cm深即可，然后直接摆入栽培袋。

2

守望生长

生长到了这个程度，芝麻菜就会散发出特有的芝麻清香。请时刻关注营养液的分量，耐心等待收获吧。

罗勒

罗勒叶是法国菜或其他欧美正餐中不可或缺的一种配料。水培菜园中不仅能够培育出健康的罗勒叶，还能保持很长的收获期。

水培菜园的日历

播种	发芽	移苗①	移苗②	收获
	10日	14日	20日	20日

2月下旬

※ 叶片开始卷曲的时间与标准时间相比，实际上提前了很多。

● 播种的时间

中部地区 □ 4 月中旬—6 月下旬
寒冷地区 □ 5 月上旬—6 月下旬
温暖地区 □ 3 月下旬—6 月下旬

1

制作最初的水培托盘

在茶叶包栽培袋中装入一小勺的蛭石，参考"播种的搅拌方法"（P8~P9）让种子发芽，然后把幼苗和海绵块一起放入栽培袋里，上面盖住蛭石。

▶ 要点

虽然发芽时间比生菜类要长一些，但完全不用担心。移入了幼苗的栽培袋直接摆进洗菜篮中，不需要蛭石，然后把洗菜篮放在注入了营养液的水培托盘里。

2

准备第 2 次的移苗

叶片发育到了如右图的程度，就应该开始准备向比栽培袋大一些的容器中移植了。首先，把蛭石和椰子壳纤维混合在一起（P19），做好营养土。

▶ 要点

洗菜篮中铺好沥水网，装入约 1cm 深的营养土，做成水培托盘。

3

小心地进行移苗操作

如上图所示，育苗成功以后，把茶叶包做成的栽培袋剪到与海绵块一样高，重新移植到边长 8cm 的方形小花盆中。

▶ 要点
小花盆底部需要事先铺好 5mm 厚的营养土，然后把栽培袋放在上面。在缝隙处填满营养土，固定好栽培袋。

4

放入水培托盘中

向水培托盘中注入 1cm 深的营养液，把洗菜篮和沥水网放在上面。沥水网上面铺好 1cm 厚的营养土，然后把小花盆整齐地摆在上面。

5

立好支柱

小花盆摆在水培托盘里以后，要在每个花盆中立一根竹签作为支柱。竹签的位置要在根部附近，穿插在叶片之间。

▶ 要点
幼苗被移到花盆里以后，生长的速度会变快，所以营养液也会被快速吸收。要时刻关注营养液是否充足。

6

终于迎来了收获时节

第 2 次移苗以后，再过 20 天左右就能长到如右图的样子。

▶ 要点
即使是在室内，生长也非常迅速。枝叶不断长大，宽度可以达到 70cm。

香菜

英文名字叫作 Coriander，世界各地都有香菜爱好者。新采摘的香菜味道更是别具一格。

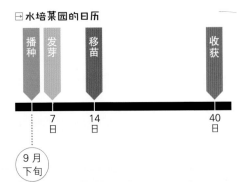

水培菜园的日历

播种	发芽	移苗	收获
	7日	14日	40日

9月下旬

● 播种的时间

中部地区 ➡ 4月中旬—8月下旬
　　　　　9月中旬—10月中旬

寒冷地区 ➡ 5月中旬—8月中旬

温暖地区 ➡ 4月中旬—8月下旬
　　　　　9月中旬—10月中旬

1

把幼苗移植到栽培袋中

参考"播种的基本方法"（P8~P9）让种子发芽，然后在每个大号茶叶包栽培袋中放置 2 个幼苗海绵块。填充珍珠岩，直到海绵块完全看不到为止，然后摆进水培托盘中。

▶ 要点
在水培托盘中装入1cm 深的营养液，然后直接把茶叶包栽培袋放进去即可。

2

享受快乐的生长过程

枝叶发育到如右图的程度，就可以摘下来用在菜肴里了。每次补充营养液的时候，收获一棵一棵的香菜叶也是有趣的体验。

▶ 要点
根部牢实地扎进了珍珠岩里。

韭菜

营养成分丰富，在自己家里栽培，经常摘下来吃一点吧。

水培菜园的日历

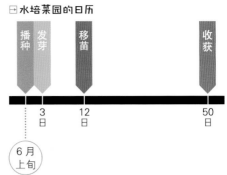

播种	发芽	移苗	收获
	3日	12日	50日

6月上旬

- - - - - - - - - - - - - - - - -

● 播种的时间

中部地区 → 3 月中旬—6 月上旬
9 月中旬—10 月上旬

寒冷地区 → 3 月中旬—6 月上旬
9 月中旬—10 月上旬

温暖地区 → 3 月中旬—6 月上旬
9 月中旬—10 月上旬

1

在茶叶包栽培袋中播种

参考"播种的基本方法"（P8~P9）让种子发芽、移苗。水培托盘中放置好洗菜篮和沥水网，沥水网上面铺好蛭石。一个水培托盘中可以摆放 9 个海绵块，然后罩上切成一半的塑料饮料瓶。

▶要点
把塑料饮料瓶从中间剪断，取掉底部和瓶颈部，做成韭菜围挡，罩在幼苗外面以后，再稍微添加一些蛭石，盖住幼苗海绵块即可。

2

守望成长

确保营养液的分量充足，洗菜篮上的蛭石始终处于湿润的程度。静静地守望韭菜的成长吧。

▶要点
刚刚被移苗以后的菜叶十分纤细，但是随着生长，菜叶会很快变粗。

57

蒜苗

一旦品尝过蒜苗，就很有可能成为大蒜的粉丝。在水培菜园中种植蒜苗，生长速度显著，基本1个月以内可以收获到3次成熟蒜苗。蒜苗还可当作调味料使用。

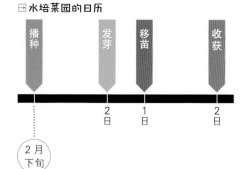

⊟ 水培菜园的日历

播种	发芽	移苗	收获
	2日	1日	2日

2月下旬

● **播种的时间**

中部地区 ➡ 全年
寒冷地区 ➡ 全年
温暖地区 ➡ 全年

1

剥掉蒜瓣皮
掰开普通大蒜，剥掉薄薄的蒜瓣皮。如果不好剥，可以用竹签刺一下根部和薄皮中间的位置，就容易剥了。

▶ **要点**
不需要特意准备专门种植用的蒜球种子，普通市场销售的大蒜即可。

2

促进幼苗发育
把大蒜瓣放进大小适中的容器中，在上面盖一张湿润的面巾纸。

▶ **要点**
只需2天的时间，就可以看到结实的绿芽冒了出来。买回来准备做菜用，可是还没来得及用就生出新芽的大蒜也可以直接使用。

3

洗去表面水垢
从洗菜篮中取出，用水轻轻洗掉表面湿滑的水垢。

4

准备好育苗盘进行移苗
准备一个3cm深的托盘，装满珍珠岩。用筷子在表面刺出较大一点的小洞，然后把发芽的大蒜埋在里面。埋好以后，缓缓地倒一些自来水进去。

▶ 要点
埋大蒜的时候，幼苗的方向不需要统一。自来水一直没过珍珠岩的表面才行。因为蒜瓣中自带充分的营养成分，所以只要有自来水就能发育得很好。

5

很快就能收获了
只需要短短2天时间，蒜苗就能长到10cm左右。这时候就可以从根部收割蒜苗了，而且这时候的蒜苗也是最美味的。不割断蒜苗，带着蒜瓣一起吃也很可口。

▶ 要点
移苗以后只需要1天时间，弯曲的幼苗就能变得直挺起来。

6

努力收获吧
每天蒜苗都在茁壮成长。即使收获以后再次从发芽开始培育，1个月内还是可以收获到3次。

▶ 要点
如果设定好种植的时间差，就能每天都收获到蒜苗。

葱（香葱）

在水培菜园中培育的香葱，不仅味美绝伦，外观也相当出众呢。

⊟ 水培菜园的日历

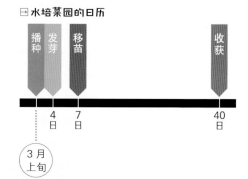

播种　发芽　移苗　　　　　收获

4日　7日　　　　40日

3月上旬

● 播种的时间

中部地区 ➡ 全年

寒冷地区 ➡ 4月上旬—5月下旬

温暖地区 ➡ 全年

1

在栽培袋中播种

用茶叶包制作栽培袋（P14），放入蛭石，播种。然后整齐排列在深一点的托盘中，从侧面缓缓注入自来水。

▶ 要点

播种的时候，每个茶叶包栽培袋中可以放入10粒种子。自来水的分量应该保证表面蛭石变得湿润。

##

把幼苗移植到正常的水培托盘中

幼苗发育到10cm左右，就可以移植到正常水培托盘里的洗菜篮上了。为了达到遮光效果，应该在栽培袋外面包裹上铝箔纸。

▶ 要点

把幼苗移植到洗菜篮上，是为了增强根部与氧气的接触。从现在开始，就要用营养液培育了。营养液分量应稍微没过洗菜篮表面。

3

守望成长

时刻关注营养液是否充足，同时可以欣喜地看到不断成长、愈发显示出葱的姿态的幼苗。

4

用透明信封制作围挡

葱苗越长越高，看起来有点开始倾斜的时候，就应该准备围挡了。取透明的信封（软质塑料，略有弹性），把上下部分都剪掉，然后套在茶叶包栽培袋外面，成为葱苗的围挡。

▶要点

如果不使用围挡，最高也只能长到如上图的高度。

5

终于迎来了收获时节

幼苗发育成为真正葱的样子，就到了收获的时候。慢慢采摘，可以享受到 2 个月的收获期。请在葱叶开始变黄以前食用。

6

充分享受收获的乐趣

只要下点功夫用透明信封做成围挡，葱叶就能长到报纸那么高。

▶要点

几乎没有生出绿藓。这是因为移苗的时候包裹了铝箔纸。

● 水培菜园，就是这样与众不同！●

栽培蔬菜的方法简单到令人难以置信！
可是水培菜园的魅力可不仅如此，还有更多的特色。

A
能在室内种植蔬菜

设备的搬运也很方便，多大
的蔬菜都能进行栽培。

B
使用的肥料只有一种

不需要在选择肥料的时候左
右为难，更不会失败。

C
不需要更换土

无论种植什么种类的蔬菜，使
用的材料都相同。

D
没有连续耕种的障碍

可以反复多次种植同一种
蔬菜。

E
没有土壤带来的病虫害

不会像在土壤中种植那样，
遭遇到很多病虫害。

F
蔬菜的营养价值丰富

因为根茎能瞬时吸收到充
分的肥料。

Part 3

在水培菜园中 轻松培育真正 蔬菜!

即使是种植步骤复杂的真正蔬菜，也能轻松地在水培菜园中培育出来。选择土壤、肥料，浇水，施肥步骤都可以省略掉。果实、根茎、豆类蔬菜都能在水培过程中大放异彩。

 从第64页开始，在每种蔬菜的种植方法中标注的"水培菜园日历"，是根据作者居住的神奈川县横须贺市的天气情况安排的。具体的播种、栽培时间要根据您所在地区的气候作适当调整。

圣女果

圣女果苗是春季园艺商店里最受欢迎的品种。现在就介绍一下，即使在高层住宅的阳台上也可以培育的方法。

◇ 水培菜园的日历

移苗 ———————————— 收获

75 日

4 月下旬

● **播种的时间**

中部地区 → 4 月下旬—6 月下旬

寒冷地区 → 5 月中旬—6 月中旬

温暖地区 → 4 月中旬—7 月上旬

1

制作水培容器

在直径约为 15cm 的花盆侧面，略靠近底部的位置上开很多小洞。(如右图)

▶ **要点**

如果觉得在小花盆侧面开洞麻烦，可以使用直径 15cm、高度 15cm 的小洗菜篮代替。洗菜篮透气性能好，反而更方便一些。

2

固定在水培容器里

在花盆中铺好沥水网，装入 3cm 深的蛭石。

▶ **要点**

装入蛭石以后，沥水网还要翻到花盆的外面一圈。所以沥水网的大小一定要选择好。如果没有大号沥水网，把 2 个沥水网叠在一起用也可以。

3

移植幼苗

参考"市场销售幼苗的培育方法"（P16~P17），把从商店里买回来的圣女果幼苗移植到2的花盆里。

▶ 要点

从原来的容器中带土取出幼苗，放在蛭石上。然后再用一些蛭石，填满花盆和幼苗之间的缝隙。

4

放入水培托盘

选择一个比3中容器更大的容器（花盆托亦可），注入1cm深的营养液。把花盆摆放进去，再用筷子做成支柱。

▶ 要点

移苗以后发育速度会增快，请时刻保持营养液分量充足。圣女果幼苗容易倾斜，支柱是必须有的。

5

注意补充营养液

正式进入生长期以后，有必要每天补充2次营养液。如果换成更大的托盘，使用"自动补水瓶"（P20）则会省去很多麻烦。

▶ 要点

在水培菜园中，即使作物从侧面生出嫩芽也没有关系，不需要摘掉。

6

考虑枝叶的支撑方法

如果任由嫩芽生长，枝叶会不断向四面扩展。这时候就要准备足够大的支架，或者用大一些的花盆架来代替。

▶ 要点

可以把这样的花盆架倒过来使用，也可以跳过这一步骤，使用真正的、足够大的支架。

7

固定真正的支架

圣女果果实开始发育以后，往往代用支架就支撑不住沉重的果实了，还是需要准备真正的支架。

▶ 要点

如果立了支架还是不十分安稳，就要把水培托盘放入更大的箱子里，防止歪倒。

● 支撑支柱的方法 ●

即使把支柱立在蛭石里，由于蛭石松散的质地支柱也无法固定。可以根据水培菜园的周边环境，把支柱固定牢固。

A 园艺商店里有专门用来立支柱的孔洞板。把水培托盘放在上面，支架插进孔洞中即可。

B 还可以把支架固定在阳台的栏杆上。只要把水培托盘放在栏杆旁边即可。为防止被大风吹走，请捆绑结实。

C 如果屋檐或晾衣架上有可以捆绑固定的地方，可以把支柱悬挂在上面，下端插进水培容器中，会更加稳固。

8

充分享受收获的乐趣

幼苗被移到花盆里，大约2.5个月以后，果实就能出现淡红色了。从这时开始，每天都能摘到新鲜的圣女果了。

▶ 要点

水培菜园也能结出很多很多的果实。如果支架不足以支撑果实的重量，可以在周围压一些砖头来稳固重心。请根据环境条件，来考虑切合实际的支撑对策。

西红柿

本书中介绍的是"金巴利"品种。与意大利著名的开胃酒同名，是比较高级的西红柿品种。在水培菜园中培育这种被全世界人民喜爱的西红柿吧。

水培菜园的日历

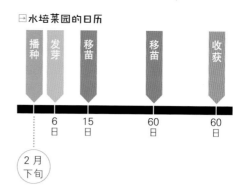

播种	发芽	移苗	移苗	收获
	6 日	15 日	60 日	60 日

2 月下旬

● 播种的时间

中部地区 ▷ 2 月下旬—4 月下旬

寒冷地区 ▷ 3 月中旬—4 月中旬

温暖地区 ▷ 2 月下旬—5 月下旬

1

按照基本方法播种

虽说是高级西红柿，栽培方法也可以按照"播种的基本方法"（P8~P9）进行，同样可以发出新芽。

▷ 要点

一个海绵块上放置 1 粒种子，6 天左右就能发芽。与绿叶蔬菜相比需要更长的发芽时间，新芽冒出来的样子如下图。

2

准备移苗

幼苗长大以后，就要准备移苗了。可以参考右图，这个大小的时候正适合移苗。

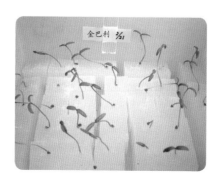

3

准备移苗用的小容器

取边长 3cm 左右的方形小容器，用刀在底部四边割出 1cm 左右的豁口，装入一小勺蛭石。

▶ 要点
根部也应该发育到了上图中的程度。如果使用育苗盘，需要事先一个一个剪开。

4

移苗的时候不要伤到根部

小心不要伤到海绵块里生出的根，将整个幼苗移植到 3 的容器中。用勺子装入蛭石，填满海绵块和容器之间的空隙。

▶ 要点
如上图所示，海绵块与容器应摆放成对角线角度，这样更容易装入蛭石。最后，蛭石要完全覆盖住海绵块。

5

放入水培托盘中

在水培托盘中放入 1cm 左右深的营养液，把 4 的小容器从边缘开始整齐摆放进去。

6

立上小支柱

移植到小容器中，加上营养液的培育，生长的速度会急剧加快。西红柿的枝叶容易倾斜，所以应该如右图所示，使用一次性筷子作支柱。

7

准备真正的水培容器

从现在开始，西红柿就进入了真正的生长阶段。用塑料垃圾桶来做一个真正的水培容器吧。尽量在底部和侧面没有孔洞的地方多刺些小洞。

▶ 要点
如果觉得刺小洞麻烦，也可以选择使用口径15cm、深度15cm左右的洗菜篮。

8

放入蛭石

把沥水网铺进7的水培容器中，放入5cm深的蛭石，轻轻夯实。

9

设置西红柿苗的支柱

从之前的容器中把西红柿幼苗连根拔起，连同挂在根上的蛭石一起放到8的水培容器的中央，然后在根部旁边插入1m高的支柱。

▶ 要点
一手扶着西红柿茎，一手往下拉容器，很容易就可以把幼苗拉出来。

10

固定在水培托盘中

取5cm深的托盘，装入1~2cm深的营养液。将9的水培容器放进去，静静守候成长。

▶ 要点
营养液需要一直保持1~2cm的深度，请时刻关注，保持充足的营养液。

11

增加营养液的分量

移苗1个月以后，生长变得更迅猛，营养液也会被很快吸收掉。营养液总是会供不应求，所以早上要把水培托盘里装满营养液。

▶ 要点
侧面也会生出很多新的枝叶，不需要摘掉，任其生长即可。

12

确认结出果实

大概同样时间段里，西红柿果实会前呼后拥地冒出来。一边观赏着青色的西红柿果实，一边安心地期待收获吧。

▶ 要点
西红柿是从上面开始逐渐变红的。

13

灵活运用自动补水瓶

结出果实以后，吸水性更加旺盛。另外，夏季的水分蒸发也很迅速，每天都需要补充2次或者3次水。这里可以灵活运用到"自动补水瓶"（P20）。

14

我家的高级西红柿盛宴

移植到水培容器以后2个月左右，也就是7月上旬就迎来了第一次收获。摘西红柿的时候，小心不要掉到地上，用剪刀更稳妥一些。

▶ 要点
西红柿摘下来以后量一下，直径为4.5cm。收获到了中等大小的西红柿。

● 从高级西红柿里面取种 ●

1

用刀切开西红柿，用勺子取出种子放在小盘子里。

▶ 要点
把店铺中销售的高级西红柿移到自家菜园中培育。

2

把取出的种子和果汁一起放入茶叶包中。

▶ 要点
果汁会从茶叶包中自动渗透出来。

3

从上面浇自来水，洗掉种子表面的黏滑液体。

▶ 要点
尽可能洗掉表面果冻状的液体，但是即使残留一些也完全没问题。

4

茶叶包夹在报纸中间，静置一夜。第二天，种子就可以用来栽培了。

▶ 要点
种子可能会粘在报纸上，摘下来即可。

黄瓜

黄瓜是夏季蔬菜代表。趁着黄瓜顶花带刺的时候洗干净来吃，是件多幸福的事情啊。本书中介绍的是从市场销售的幼苗开始培育的方法。

▣ 水培菜园的日历

移苗

收获

30
日

5月
中旬

- - - - - - - - - - - - - - - -

● 播种的时间

中部地区 ▣ 5 月上旬—8 月中旬

寒冷地区 ▣ 5 月下旬—7 月中旬

温暖地区 ▣ 4 月下旬—8 月下旬

1

制作水培容器 & 托盘

使用蛭石和椰子壳纤维的混合营养土（P19）。参考"市场销售幼苗的培育方法"(P16~P17)，把幼苗移植到水培容器中，然后摆放在装入了营养液的水培托盘中。

▶ 要点
营养液的分量应始终保持在 1cm 左右的深度。

2

拉一张黄瓜秧可以攀附的网

被移植到水培托盘中的幼苗开始急速生长，大约 10 天以后就开始需要攀附在其他地方了。这时候，我们就需要准备木架子金属网立在旁边。

▶ 要点
参考右页的说明内容，根据水培托盘摆放的环境，悬挂一张攀附网在旁边吧。

像黄瓜、苦瓜、旱黄瓜这样有秧的蔬菜，都会甩秧，攀附在什么地方。根据水培菜园的具体地点，拉张网吧。

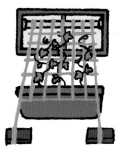  

A 利用伸缩棒。把伸缩棒固定在窗框内侧，在另一端地上摆放砖头。拉网的一段固定在伸缩棒上，另一端固定在砖头上。

B 如果阳台有栏杆，就不需要另外拉网，利用栏杆即可。或者可以直接把金属网立在栏杆旁边也可以。

C 园艺商店里可以买到 A 字形的支架。可以把拉网挂在上面。如果支架腿没法固定在地面上，可以买专门用来固定支架腿的孔洞板。

用保温袋防雨

雨水能够伤害到根部的季节，在保温袋底部开很多小洞，从 2 的水培容器中取出幼苗，带网一起移植进来。保温袋的拉链不要完全拉紧，留下开口让枝叶伸出来。

▶要点

使用可以容纳 6 瓶 350mL 啤酒罐的保温袋。把四角剪掉，确保袋子的透气性。如果需要做到完全防雨，可以在外面套一个大塑料袋，系紧袋口。

充分享受收获的乐趣

买回来的幼苗被移植到水培容器里以后，不足 2 个月就会开始结果。此后，收获的速度会远远赶不上果实成长的速度。

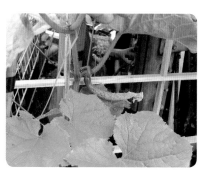

▶要点

如上图所示，根部会在保温袋里面苗壮成长。如果雨水渗入袋子中，应该及时倒出去。

苦瓜

曾经有段时间，大家为了节约用电盛行过用植物叶子来做"绿色遮阳帘"。当时最常被用到的蔬菜就是苦瓜。水培菜园中不但能长出让人欣喜的"绿帘子"，还能结出够苦的果实。

⊟ 水培菜园的日历

移苗 ▼　　　　　　　　収获 ▼

　　　　　　　　　　30日

5月中旬

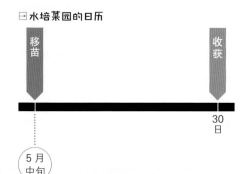

● 播种的时间

中部地区 ⊟ 4月下旬—6月中旬
寒冷地区 ⊟ 5月中旬—6月中旬
温暖地区 ⊟ 4月中旬—5月中旬

1

在保温袋中培育
与黄瓜相同，买回来的幼苗需要先移入水培容器，让根部充分发育好，然后带网放入小桶里，再套上保温袋。

▷ 要点
直接把营养液装在保温袋里（深度约为1cm）。如果菜园在屋檐下或阳台上等不会被雨水浇到的地方，也可以不在保温袋里栽培。但如果在院子里种植，会被雨水直接浇到的话，还是需要使用保温袋。

2

拉网让瓜秧自由生长
与黄瓜相同，需要在旁边准备架子或网状材料，便于瓜秧攀附（参考P73内容）。幼苗买回来1个月以后，果实就会长出来了。

旱黄瓜

只有夏季，旱黄瓜才会出现在市场上。旱黄瓜也有很多品种，此处介绍的是表面有小突起的品种。

● **播种的时间**

中部地区 □ 4 月下旬—6 月中旬
寒冷地区 □ 5 月中旬—6 月中旬
温暖地区 □ 4 月中旬—5 月中旬

在保温袋中培育

与黄瓜、苦瓜相同，买回来的幼苗需要先移入水培容器，让其根部充分发育好，然后带网放入小桶里，再套上保温袋。

▶ 要点
直接把营养液装在保温袋里（深度约为1cm）。

2

需要把保温袋摆放在台子上

与黄瓜、苦瓜相同，需要在旁边准备架子或网状材料。这时候不要把保温袋直接放在地面上，而是放在水泥台等合适的台子上。

▶ 要点
种在台子上，可以让作物躲避开因阳光直射而温度急剧上升的地面，而且也可以预防栖息在地面上的小虫子入侵。

75

南瓜

利用水培菜园中的简单设备，竟然也可以种出南瓜。虽然比通常尺寸略小，但是糯香甘甜的果实中充满了成就感。

移苗 ↓ 收获 ↓

60日

4月下旬

● 播种的时间

中部地区 → 4月中旬—5月中旬
寒冷地区 → 5月中旬—6月中旬
温暖地区 → 4月中旬—4月下旬

1

用营养液供养幼苗

如果幼苗买回来以后无法马上移苗，可以暂时把幼苗带盆放在装了营养液的托盘中，几天以后就应该准备水培容器了。

▶ 要点

与西红柿相同，可以在容器下端开洞，也可以用洗菜篮代替。如果买回来的幼苗比较大，就需要准备一个更大的容器或洗菜篮。

2

向水培容器中移苗

参考"市场销售幼苗的培育方法"（P16~P17）移苗，然后放进装了约1cm深营养液的水培托盘中。

▶ 要点

这时候，还需要准备一个装有蛭石的容器和装有蛭石、椰子壳纤维混合营养土（P19）的容器。

3

设置小支柱
买到的南瓜幼苗，通常叶子已经比较大了。移苗以后需要在分枝以后的枝叶之间插上一根小支柱。

4

注意营养液补给
南瓜叶子大，吸水性能强，一定要充分注意营养液是否充足。请灵活运用"自动补水瓶"（P20）。

5

放在架子上培育
南瓜本来是要在地面上蔓延生长的蔬菜，但如果培育环境不够宽敞，可以把水培托盘放在架子上，让南瓜秧向下伸展。

▶要点
将买回来的幼苗栽入水培容器中，约1个半月以后就会开花。可以在清晨，把雄花的花粉人工授粉到雌花的花蕊头部。我把这项工作交给蜜蜂去完成了。

6

充分享受收获的乐趣
移苗到水培托盘中以后，大约2个月以后就能开始收获了。南瓜的直径能有半个矿泉水瓶那么大。

▶要点
果实的重量为400g。

茄子

本书中介绍了 3 个品种的茄子，长茄子、水茄子和美国茄子。充分沐浴到了夏季的阳光，秋季才能结出美味的果实。

▣ 水培菜园的日历

移苗 ┄┄┄┄┄┄┄┄┄┄ 收获

60日

6月下旬

● **播种的时间**

中部地区 ▣ 5月上旬—6月下旬
寒冷地区 ▣ 5月中旬—6月下旬
温暖地区 ▣ 4月中旬—6月下旬

1

准备进行幼苗的移植

3 种幼苗均可以参考"市场销售幼苗的培育方法"(P16~P17)移植到水培容器中。尽可能在容器的侧面及下方多开一些小洞，然后垫入沥水网。

▶ **要点**

省略掉在容器侧壁开孔的步骤，直接选用洗菜篮也是一个很好的办法。这一点与种植西红柿相同。如果买到的幼苗容器较大，就一定要选择可以放得下它的容器或洗菜篮。

2

移植到水培容器中

把幼苗带土从原来的容器中拔出，放入铺了 3cm 厚营养土的水培容器里，然后填一些营养土稳固根部。

▶ **要点**

使用蛭石和椰子壳纤维混合而成的营养土(P19)。移植到水培容器中以后，就可以摆放在装有 1cm 深营养液的水培托盘里了。

3

插入支柱

生长速度越来越快，移苗 2 周以后，就可以把支柱插进去了。

▶要点

营养土的强度不足以支撑越来越丰满的果实。可以用透明胶带把支柱固定在水培容器侧面，但是 P66 中介绍的方法要更安稳一些。

4

根据日照强度改变水培容器的位置

一旦被强烈的阳光照射，茄子的枝叶就很容易枯萎。如果蔬菜会被强烈日光长时间照射到，就应该改变水培容器的位置。

▶要点

能够简单搬运移动，也是水培菜园的长处之一。移动到室内比较阴凉的地方，只需要 1 小时就又能恢复成这样的英姿了。

5

大风的天气里要小心侧翻

8 月到 9 月，台风频繁发生。大风猛烈的日子里，可以在旁边固定几块砖头。一定要切实防范好枝叶侧翻。

6

充分享受收获的乐趣

8 月下旬秋风飒爽，我们迎来了收获的季节。可以按照水茄子、长茄子、美国茄子的顺序来收获。

▶要点

茄子长得特别大以后，皮会变硬，味道也会下降。请在适当的时候收获吧。

朝天椒

很具人气的调味品。朝天椒干泡在高度烧酒里，不仅外观夺目，更是一款上佳的调味料。

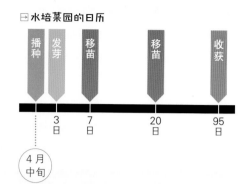

- -

● 播种的时间

中部地区 ⊟ 3月中旬—7月中旬
寒冷地区 ⊟ 5月上旬—7月上旬
温暖地区 ⊟ 3月上旬—7月下旬

1

参考基本方法让种子发芽
参考"播种的基本方法"（P8 ~ P9）让种子发芽。

2

移苗到育苗容器中
幼苗长大以后，要移苗到边长3cm 的方形连接育苗盘中。然后摆放在装有 1cm 深营养液的水培托盘里。不要忘了在育苗容器底部四边割出豁口。

▶ 要点
在育苗容器底部铺上一小勺蛭石，把幼苗海绵块摆在上面。然后在容器和海绵块之间填满蛭石，海绵块应当完全被蛭石覆盖。

80

移植到水培容器里

枝叶长大以后，需要移植到直径约为 15cm 的容器里。与种植西红柿相同，需要在容器侧面开洞，或者使用洗菜篮代替。

▶要点

移植到水培容器中以后，生长速度会加快。只需要 1.5 个月的时间，就成长到一人多高。

支撑横向发展的叶子

小巧的果实、繁茂的枝叶会多得难以想象。在圣女果栽培时（P64）利用过的大型支架也可也用在这里。

刮台风的日子需要搬进室内躲避

夏季栽培蔬菜的时候，难免遇到台风天气。只要留意天气预报，提前搬入室内就万无一失了。

充分享受收获的乐趣

移植到水培容器中大概 2.5 个月以后，也就是 8 月上旬，收获季节就开始了。

▶要点

等待最初的收获，需要不短的一段时间。作为回报，收获的期间也很长，一直可以持续到来年元旦以后。

黄灯笼辣椒

据说这个品种的辣椒辛辣程度排在世界第二。橙色，像小青椒一样大小的可爱果实，也是适合水培菜园栽培的蔬菜。

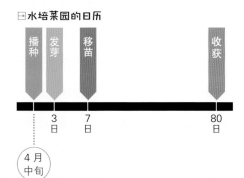

➡️ 水培菜园的日历

播种	发芽	移苗		收获
	3日	7日		80日

4月中旬

●●● 播种的时间

中部地区 ➡️ 4月上旬—6月中旬
寒冷地区 ➡️ 5月中旬—6月下旬
温暖地区 ➡️ 3月上旬—6月上旬

1

在育苗盆里栽培

与朝天椒相同，参考"播种的基本方法"（P8~P9）让种子发芽。然后在育苗盆中培育3周以后，移植到水培容器中。

▶ 要点

虽然没有朝天椒那么夸张，但是枝叶也会横向发展。所以也需要在金属洗菜篮中栽培。可以选择圆形洗菜篮，这样便于把叶子归拢在一起。

2

充分享受收获的乐趣

移植以后，结果的时间要比朝天椒早2周左右。尽情享受收获吧。

▶ 要点

非常非常辣！即使能收获到很多，可以用到的场合还是有限。可以浸泡在橄榄油中，增添调味效果。

绿菜花

西餐、中餐、日餐均可适用，清蒸、油炸也都清新爽口，实为万能蔬菜！如果能在自家栽培，可真是再好不过了。

⊟水培菜园的日历

移苗   收获

30日

5月中旬

- - - - - - - - - -

● 播种的时间

中部地区 ➡ 3 月上旬—4 月中旬
          8 月下旬—10 月上旬

寒冷地区 ➡ 4 月上旬—4 月下旬
          7 月上旬—8 月上旬

温暖地区 ➡ 2 月中旬—4 月上旬
          9 月上旬—10 月上旬

1

幼苗移植到水培容器中

按照"市场销售幼苗的培育方法"（P16~P17），把买回来的幼苗移植到水培容器中，然后放入水培托盘里去。

▶要点
使用蛭石。

2

守望成长，静待收获

在超市、菜店里面也能看到绿菜花，但是你绝对想象不到成长过程中它可以长到一人多高。请注意营养液一定要保持充足，耐心地期待收获时节吧。

▶要点
冬季的应季蔬菜，10月上旬移植时，元旦左右就可以收获了。

菜花

如果新鲜，可以生吃的魅力蔬菜。在自家的水培菜园中种植，摘下来以后马上尝尝新鲜味道吧，或者，蒸一下与黄油一起炒，也很美味。

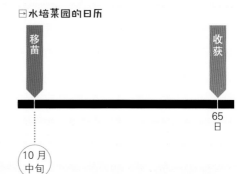

⊟ 水培菜园的日历

移苗　　　　　　　　　收获

65日

10月中旬

● 播种的时间

中部地区 ⊟ 4月上旬—5月上旬
　　　　　　8月上旬—10月上旬

寒冷地区 ⊟ 5月中旬—7月中旬

温暖地区 ⊟ 3月上旬—5月上旬
　　　　　　8月下旬—10月中旬

1

幼苗移植到水培容器中
与绿菜花相同。按照"市场销售幼苗的培育方法"(P16~P17)，把买回来的幼苗移植到水培容器中，然后放入水培托盘里去。

▶ 要点
使用蛭石。

2

守望成长，静待收获
比绿菜花的收获时间要早2周左右。白色的花蕾长到直径约10cm的时候，就能收获了。

▶ 要点
收获得太晚，花蕾就会变黄。可别错过最好时机。

芜菁

果实、枝叶都很美味的蔬菜。浑圆的果实在栽培袋里慢慢膨胀，这可是只有在水培菜园中才能看到的风景。

水培菜园的日历

播种	发芽	移苗	收获

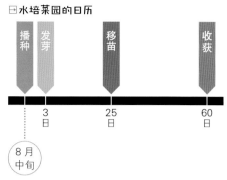

3日　　　25日　　　　　　60日

8月中旬

● **播种的时间**

中部地区 ➡ 3 月中旬—10 月下旬
寒冷地区 ➡ 4 月中旬—9 月下旬
温暖地区 ➡ 3 月中旬—11 月上旬

1

把幼苗移植到栽培袋里

参考"播种的基本方法"（P8~P9）让种子发芽，然后连海绵块一起移植到茶叶包栽培袋（P14）里。摆放到专用塑料杯中，整齐摆进装好了营养液的水培托盘里去。

▶ **要点**

使用蛭石。把幼苗海绵块放在蛭石上面，固定好。大概 1 个月以后，就能长出如左图程度的叶片了。

2

充分享受收获过程

移植到栽培袋里以后，不到 1 个月的时间就能看到小巧的果实了。再等待 40 天左右，就能迎来收获时节。

▶ **要点**

在小号栽培袋中，能发育到直径 6cm 左右的程度。

芋头

根茎类作物给人留下的印象，往往是沉没在黑暗的土壤中默默生长的样子。但其实也能够在没有土壤的水培菜园中生长。

⊟ 水培菜园的日历

移苗　　　　　　　　　　　　　　　收获

100日

5月中旬

● **播种的时间**

中部地区 ➡ 5 月上旬—5 月中旬

寒冷地区 ➡ 5 月下旬—6 月上旬

温暖地区 ➡ 4 月下旬—5 月上旬

准备移苗

准备移植从市场上买回来的幼苗。在直径和深度约为 15cm 的洗菜篮中铺好沥水网，做成水培容器。同时准备营养土。

▶ **要点**

应当选择幼芽粗壮、挺拔笔直的幼苗。使用蛭石和椰子壳纤维混合而成的营养土。

移苗过程中需要小心谨慎

参考"市场销售幼苗的培育方法"（P16~P17），水培容器中装入 3cm 厚的营养土，把带土的幼苗放在上面。然后再加入一些营养土，填满容器和幼苗之间的缝隙。

▶ **要点**

最后，营养土需要完全覆盖幼苗自带的土壤。

否则会增加搬运难度。每块标本上都需要有个编号，并且在记录簿上记录是在哪个地点、什么地层中采集的——就像我们的身份信息一样。

用测绳进行剖面测量

后 记

时光荏苒，经过一年多的筹备和编写，《给孩子的地球科学课》终于完稿。地球不仅是一个巨大的宝藏，也是一部持续46亿年的史书，相信任何一部书，任何一套课程都不可能全面地把地球的知识介绍给孩子们。在筹备的过程中，创作团队经过对市场上与地球科学相关的科普书籍的调研和多次研讨，决定选择从文化的视角来让孩子们通过熟悉的成语、古诗词、文学作品，通过观察生活中熟悉的事物入手，去揭开一个个地球秘密，从而对地球有一个初步的认识。

在本书出版之际，感谢创作团队成员的辛勤付出，感谢插画师郭玥阳为本书相关内容创作的精美插图，感谢自然资源摄影家协会摄影师赵洪山老师提供的一张张精美照片。

孩子读完这本书，并不等于上完了这堂地球科学课。因为认识地球不能只局限在书本中，坐在教室里听课或在博物馆看一看，想要了解更多的知识还需要去户外观察和实践。地球是一部远远没有被人类读完的书，还有更多的秘密、更多的精彩等待着读者们，特别是小读者们未来去发现、去探索。

编 者

2024 年 4 月 22 日

3

固定在水培托盘中
为保证水培容器中的营养土表面湿润，要在水培托盘中注入足够的营养液。

▶要点
放入水培托盘中以后，很快就会生出小叶子。2天以后，幼苗就会长成上图照片中的样子。

4

根据吸水能力补充营养液
随着叶片的生长，吸水能力不断提高。即使在水培托盘中装满营养液，也总是会被吸收得空空如也。还是使用"自动补水瓶"（P20）吧。

5

确认芋头茎的生长
移苗1.5个月以后，从根部观察，就会发现增加了很多芋头茎。

6

充分享受收获的乐趣
叶子开始枯萎的时候，就到了收获的时节。芋头数量较多，很难拔起来的时候，可以把水培容器敲碎以后挑选芋头。

▶要点
芋头数量过多，不得不把容器敲坏。自己栽培出来的芋头茎，也能够放心食用，例如加到大酱汤里面也非常合适。

马铃薯 [男爵] [通用]

马铃薯，作为一种常见蔬菜，也可以在水培菜园中种植。有男爵、通用这两个品种可以任意选择。这次尝试了新的容器——穿旧了的牛仔裤，而不是一直以来的洗菜篮。

⊟水培菜园的日历

移苗　　　　　　　　　　　收获

100日

5月中旬

● 播种的时间

中部地区 ⊟ 2月下旬—4月上旬
　　　　　8月中旬—9月中旬

寒冷地区 ⊟ 4月上旬—5月下旬

温暖地区 ⊟ 2月上旬—3月上旬
　　　　　9月上旬—9月下旬

1

培育马铃薯种

取一颗在厨房角落里已经发了芽的土豆，按照培育芋头（P86）同样的要领做好水培容器、装入3cm厚的蛭石后再放入马铃薯。然后上面再撒一层蛭石。

▶ 要点

使用蛭石。如上图一样，嫩芽冒出来以后，就可以移入有营养液的水培托盘中了。

2

守望枝叶的生长

转移到水培容器中以后，大约只要10天时间就会生出叶子。要时刻小心维持营养液的分量。

▶ 要点

生长速度快。发出叶子以后10天时间，就能长出如上图照片那么多的叶子了。

88

3

移植到更大一些的容器中

移植到更大一些的容器中。当时，我找了一条穿旧的牛仔裤，从裆下5cm处剪开。两条腿分别缝合以后使用。

▶要点
牛仔布本身具有透气性，不需要再使用沥水网，可以直接装入5cm厚的蛭石。然后把生出了叶子的马铃薯种放进来。然后把牛仔裤容器放入到水培托盘中。

开花以后要插入支柱

虽然是牛仔裤，但是对于蔬菜来说同样也是一个水培菜园。很快，马铃薯就会长大，约1周以后就会开花。

▶要点
根茎生长，叶子增加，这时候有必要立上支柱。我使用牛仔裤的时候就直接把支柱插在了里面。读者朋友们可以根据实际使用的水培容器，来选择合适的支柱（请参考P66的内容）。

差不多到收获时节了

移苗到4的大容器中，大约1个月以后，叶子就会开始枯萎。已经差不多是收获的时节了。轻轻拨开蛭石，确认是不是长出了马铃薯。

▶要点
继续拨开蛭石，就能看到很多马铃薯了。为了成功培育马铃薯，在收获之前一定要用蛭石充分覆盖好。

充分享受收获的乐趣

叶子继续枯萎以后，就可以收获了。从茎的根部剪断，一边小心不要伤到马铃薯，一边用小铲子等工具把蛭石挖出来，取出马铃薯。

▶要点
根部有很多像珠子一样的小马铃薯球，味道也很好，千万别扔掉。

● 自家就可培育的马铃薯种 ●

1

把已经发芽的马铃薯切成两半。切面暴露在阳光下 3 小时，进行消毒。

▶要点

买回来的土豆放置在阴暗的地点，几天以后就能自然发芽。

2

把 5 张面巾纸叠在一起打湿，垫在 1 的马铃薯切面下面。然后在上面盖上 5 张湿润的面巾纸，促进新芽发育。

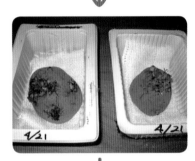

▶要点

2 周时间，新芽就可以长到 3cm 的高度。

3

在直径 9cm 育苗容器中装入 3cm 深蛭石，然后把两块发芽的马铃薯放在上面。盖上蛭石，但要让嫩芽部分露在外面。

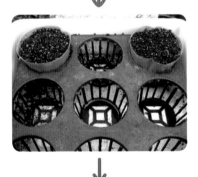

▶要点

使用蛭石。放入水培托盘中以后，托盘中的营养液分量应该足够湿润到蛭石表面。

4

发出若干新叶以后，就可以移苗至更大的水培容器中了。

▶要点

种好以后，大概需要 5 天的时间就会生出叶子。

● 培育 [男爵] ●

1

首先，把上一页培育出来的马铃薯种放入水培容器中。然后摆入装了 1cm 左右深营养液的水培托盘中。

▶ 要点
使用蛭石和椰子壳纤维混合而成的营养土（P19）。马铃薯会从营养土较浅的地方开始发育。种植的时候与其他蔬菜相同，要先在容器底部铺好3cm左右深的营养土，然后把马铃薯种放在上面即可。

2

种植以后第3周开始，枝叶逐渐变得茂密起来。这时候就要准备支柱了。

▶ 要点
这时候，会开出淡紫色的马铃薯花。

3

叶子像右图一样开始枯萎的时候，就是收获时节了。

4

从两个水培容器中收获到这么多的马铃薯。最大一个的直径为9cm。

●培育 [通用] ●

1

与种植 [男爵] 的时候相同，把马铃薯种栽培到水培容器中。

▶要点
使用的洗菜篮或小桶的高度，最高达到 15cm 就足够了。在图中小桶的底面只有 A5 （148mm×210mm）大小。

2

种植以后 1.5 个月，枝叶开始逐渐茂盛。这时候就要准备支柱了。

3

种植以后第 2 个月开始，叶子就会慢慢枯萎。这意味着我们已经迎来了收获期。

4

从两个水培容器中收获到将近 40 个 [通用] 马铃薯。这种马铃薯不容易被煮碎，收获以后不需要除掉表面的土。

萝卜

水培菜园也很适合栽培可爱的大萝卜。红、白萝卜更能增加餐桌的质感。只需 20 天，水培菜园中的萝卜就能成熟。

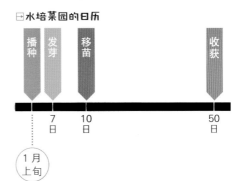

⊟水培菜园的日历

播种	发芽	移苗		收获
	7日	10日		50日

1月上旬

●播种的时间

中部地区 → 11 月上旬—3 月中旬
寒冷地区 → 4 月上旬—5 月中旬
温暖地区 → 11 月中旬—3 月上旬

1

按照基本方法让种子发芽
参考"播种的基本方法"
（P8~P9）的内容让种子发芽，然后按照"育苗的基本方法"
（P10~P13）固定在水培托盘中。

▶要点
长到了如照片中的大小以后，就可以放置到水培托盘中了。每个海绵块上只能结出 1 根大萝卜，发芽以后要间苗。

2

守护萝卜慢慢长大的过程
与芜菁相同，大萝卜会向着育苗的海绵块上部生长。观察成长过程也是件有趣的事情。

▶要点
收获的时候可以看到，大萝卜是穿破海绵块以后成长起来的。

胡萝卜

富含 β – 胡萝卜素的健康蔬菜之王——胡萝卜。水培菜园中能够培育出迷你胡萝卜，可以带着叶子一起食用。

⊟ 水培菜园的日历

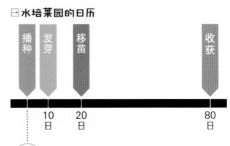

播种	发芽	移苗		收获
	10日	20日		80日

1月上旬

※ 与一般的种植时间相比，播种时间可以提前一些。

● **播种的时间**

中部地区 ⊟ 3月中旬—4月下旬
　　　　　 7月上旬—9月中旬

寒冷地区 ⊟ 4月上旬—7月下旬

温暖地区 ⊟ 3月中旬—4月下旬
　　　　　 8月上旬—10月中旬

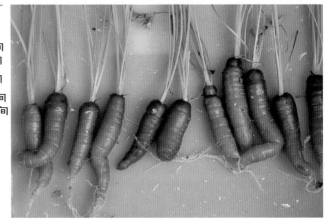

1

参考基本方法让种子发芽
参考"播种的基本方法"（P8~P9）的内容，让种子发芽。

▶ 要点
播了种子颗粒以后，在海绵块上撒一些蛭石。发芽需要10天左右的时间，出人意料的漫长。

2

守望生长，准备移苗
嫩芽瘦弱纤细，但是会不断长大。5cm左右的时候就可以移苗了。

3

移植到较深的容器中

准备一个较深的容器。尽量在底部、侧面多开一些小洞。铺垫上 8cm 深的蛭石。把育苗海绵块放在上面，再覆盖一层蛭石。

▶ 要点
再准备一个相同的容器。去掉底部，从上面扣下来，作为围挡。

4

守望枝叶生长

生长速度有些慢，但是枝叶一定会慢慢长大。

▶ 要点
请注意营养液不要被吸干了。

5

品尝叶子的味道

移苗 2 个多月以后，叶子生长得郁郁葱葱。

▶ 要点
胡萝卜很少带着叶子出售。但是把叶子摘下来，单独作为热汤的配料、沙拉的主角，也充满了乐趣。

6

终于迎来了收获时节

叶尖开始变黄的时候，根部就应该已经发育好了。试着拔一棵萝卜出来，确认小胡萝卜成熟以后就可以收获了。

豌豆

让我们在水培菜园中种植豌豆吧。

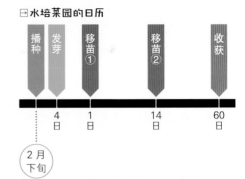

水培菜园的日历

播种	发芽	移苗①	移苗②	收获
	4日	1日	14日	60日

2月下旬

● 播种的时间

中部地区 ☐ 2月下旬—4月中旬
　　　　　10月中旬—11月下旬
寒冷地区 ☐ 3月下旬—5月下旬
温暖地区 ☐ 2月中旬—3月中旬
　　　　　10月中旬—12月上旬

1

把种子浸泡在水里生根
把种子放到合适的容器中，倒入自来水没过种子的1/2，然后在上面盖一张单层面巾纸。

▶ 要点
这个方法只适用于确定可以生出根茎来的作物。左侧照片为盖上了面巾纸以后的颜色，原来的颜色是茶色的。

2

移苗到栽培袋中
种子生出根以后，就要准备移苗了。把栽培袋（P14）整齐摆在托盘里，每个袋中装入4cm左右深的蛭石。然后在每个栽培袋里放入4粒种子，要让种子根部适当扎进蛭石里。

▶ 要点
最后撒上一层蛭石，盖住种子。水培托盘中的营养液应始终保持在1cm的深度。

96

3

创造满足生长需求的环境

嫩芽发育到如右图的程度时，就有必要在周围安放围挡了。准备移苗。

▶要点
随着进一步的发育，根部会穿破茶叶包栽培袋伸到外面来。

4

做好根部避光措施后移苗

为实现避光效果，应在栽培袋下半部分包好铝箔纸，然后放置在350mL的啤酒罐中。再把啤酒罐整齐摆放在水培托盘里。

▶要点
请参考350mL啤酒罐容器的用法（P43）。

5

用塑料袋做成大围挡

枝叶生长得更高更茂盛以后，要把整个水培托盘放入大塑料袋里。塑料袋将作为围挡，保护枝叶的发育。

▶要点
请事先确认塑料袋的大小可否容纳下托盘。像左侧照片中一样，利用塑料袋提手把托盘悬挂起来也是个好办法。

6

充分享受收获的乐趣

播种以后要等待2.5个月左右。经过了花开花谢，就能收获到圆鼓鼓的豌豆荚了。

▶要点
到了收获时节，枝叶能发育到1m左右。

豆角 [架豆王]

梅雨时节开始到夏末期间，架豆王的独特口感总是更带给我们愉悦的心情。这种黄绿色的蔬菜能用在很多菜肴中，本书中仅介绍架豆王这个品种。

水培菜园的日历

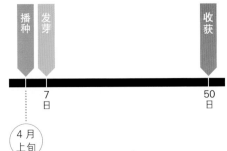

播种　发芽　收获

7日　　　50日

4月上旬

- -

● 播种的时间

中部地区 → 4 月上旬—5 月中旬

寒冷地区 → 5 月中旬—6 月中旬

温暖地区 → 3 月下旬—5 月上旬
　　　　　　8 月中旬—9 月中旬

1

直接播种

参考 "栽培袋"（P14）的内容，在栽培袋中装入 4cm 深的珍珠岩。然后在每个栽培袋里放入 2 粒种子，上面薄薄盖上一层珍珠岩。

▶ 要点

放种子的时候，要注意把白线部位，也就是生根的部位向下放。别忘了水培托盘中要摆好洗菜篮和沥水网。

2

确认发芽

播种 3 天以后就能看到新芽。

架豆王

▶ 要点

此后，到收获前都不需要再移苗了。这就是灵活运用茶叶包栽培袋的方便之处。

3 把自来水换成营养液

大约发芽 10 天以后，叶子就要开始进一步发育了。这时候就要把水培托盘里的水更换成营养液。请小心，在收获之前都要时刻关注营养液是否充足。

▶要点
发芽后 2 周左右，叶子就能长成如上图中的样子。水培托盘里的营养液，应始终保持深度在 1cm 左右。

4 确认花朵，等待收获

大约在发芽 40 天以后，就可以看到洁白的花朵了。随之而来的就是日渐丰满的小豆荚，所以千万别忘记确认开花的情况。

5 想办法支撑住叶片的重量

越接近收获时节，枝叶的发育就越迅猛，有时候甚至会因为自重翻倒过来。可以用砖头等重物围在水培托盘旁边，防止翻倒。

▶要点
豆角的叶子被阳光直射后会立起来。

6 充分享受收获的乐趣

右图中是开花 10 天以后的样子。繁茂的枝叶挡得我看不太清楚，但只要拨开枝叶就能看到一串一串的豆角挂在那里。终于，迎来了收获的时节。

▶要点
一次就能摘到满满一篮子的豆角。此后，能继续收获 2 周左右。

毛豆

不仅是啤酒的完美搭档，也是孩子们喜闻乐见的小零食。不管怎么说，把刚摘下来的毛豆过水煮熟，也算是只有夏季才能享用到的美食吧。

◻ 水培菜园的日历

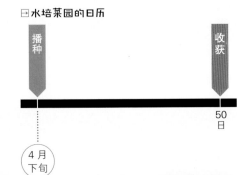

播种

收获

50
日

4 月
下旬

● 播种的时间

中部地区 ▷ 4 月下旬
寒冷地区 ▷ 5 月中旬
温暖地区 ▷ 4 月中旬

1

买来壮实的幼苗
在 5cm 的育苗格中培育而成的 10 株幼苗。每一株都被单独培育。

2

把幼苗移植到栽培袋中
取大号的茶叶包做成"栽培袋"（P14），向栽培袋中装入两小勺蛭石。然后从育苗格中取出幼苗，带土放在栽培袋中。

▶ 要点
一手扶着幼苗，一手往下拉容器，很容易就可以把幼苗拉出来。装入栽培袋中以后，还要填入蛭石盖住自带的土壤。

把幼苗固定在水培托盘中

把栽培袋整齐摆放在装好了洗菜篮的水培托盘中。摆好以后从洗菜篮侧面缓缓注入营养液，并确保蛭石表面能够被润湿。

▶要点

发芽后需要 2 周左右的时间，幼苗就可以生长到如左图中的样子。每天早晨检查水培托盘中营养液的剩余量，始终保持在深度 1cm 左右即可。

制作整株幼苗的围挡

移苗以后的 1 个月以内，幼苗不断发育，枝叶会越来越茂盛。栽培袋中没有围挡，所以要在整个水培托盘的外面加上围挡来支撑枝叶成长。

▶要点

选取了一个足够大的纸箱，去底后围在水培托盘外面来当作围挡。

确认出现了豆荚

移苗以后的 1.5 个月，开始结出了豆荚。

▶要点

豆子还很小。

充分享受收获的乐趣

移苗以后不到 2 个月，豆荚里的豆子已经发育成熟。这个时候就可以收获了。

▶要点

与其从根把整棵菜苗拔起，不如从根部把主茎剪断，去掉叶子以后摘豆子的方法来得方便。

木瓜

能亲手在水培菜园里培育出这样的水果，多开心啊！从小种子开始，培育这种从南方传过来的水果。

🔲水培菜园的日历

播种	发芽	移苗		结果

30日 12日 400日

7月中旬

1

准备栽培用的种子

从水果店里买回来2个木瓜。切开以后里面全都是种子，随意取了一些用水冲干净。擦拭到半干后，静置1日，这样就准备好了用来栽培的种子。

2

直接播种

洗菜篮放入到水培托盘中，铺好沥水网。里面铺好约2cm深的蛭石，把种子撒进去。然后再撒上薄薄一层蛭石，盖住种子。

▶ 要点

完成播种以后，轻轻抬起洗菜篮的侧面，缓缓注入一些自来水。要保证蛭石表面湿润。

102

3

确认发芽

播种以后需要定时补充水分，确保蛭石不会变得干燥。大约1个月的时间，我们才能看到幼苗冒出。这是2片漂亮的嫩芽。

▶要点

幼苗发育到如上图的程度，就应该准备移苗了。与其他结果作物相同，准备直径15cm的水培容器。

4

把幼苗移植到水培容器中

使用蛭石和椰子壳纤维混合而成的营养土（P19）。参考"市场销售幼苗的培育方法"（P16~P17），把幼苗移植到水培容器中。

▶要点

在最初铺好了沥水网的水培容器中装进10cm深的营养土，表面抠出小洞，把幼苗放进去。然后表面再撒一些营养土，固定好幼苗。移苗过程中不要对根部造成伤害，用勺子连带营养土一起，把幼苗盛出来。

5

在水培托盘中进一步培育

放在装好了深度为1cm左右营养液的水培托盘中培育，移苗后3周左右，就可以发育到如右图中的样子。此后，只要保证营养液充足，枝叶就能不断茁壮生长。

▶要点

木瓜是南方水果，冬季应放置在温暖的室内培育。新年来临之际，也就是移苗以后1年的时间，会开出第一朵小花。

6

享受果实成长的过程

观察花谢以后留下的花萼，不出几日这里就会慢慢膨胀成木瓜果实。能长多大呢？一边想象，一边期待守候果实的成长吧。

▶要点

水培种植的木瓜能长到一个大个鸡蛋的大小。

创造自家水培菜园时能用到的秘诀

Q 把水培菜园放置在什么样的地方比较合适?

A 无论是家里的哪个角落,只要每天能接受到 3 小时以上的日照,就适合用来放置水培托盘或水培容器。绿叶蔬菜完全可以在室内培育。特别是在冬天,室内培育的绿叶蔬菜往往会生长得非常茁壮。如果可以,请尽量放置在避雨的场所。从某种意义上说,阳台应该是最合适的地方了。

Q 下雨的时候应该怎么办好呢?

A 雨停以后,请倒掉已经被雨水稀释了的营养液,更换成新的营养液吧。刮台风的时候,请尽量转移到室内躲避风雨。能轻松搬运转移,也是水培菜园的优势之一。

Q 暂时家里没有人的时候应该怎么办好呢?

A 请充分利用 P20 介绍的自动补水瓶吧。用几天的时间,观测出 1 天需要多少营养液,这样就可以计算出家里没有人期间必须要留好的营养液分量。然后选取足够大的塑料瓶,按需装入营养液。如果 1 瓶不够,可以同时放置 2 瓶。

冬季气温下降，应该怎么办好呢？

 为了解决这个问题，我特意从家具商店买回了一个简易塑料大棚。每年的 12 月，我都会把放了观赏鱼鱼缸加热棒的水盆放到大棚下面。40L 的水里放入 150W 的加热棒，水温可以维持在 28~30℃。这样一来，我家的水培菜园内部温度能比室外温度高出 5℃左右。所以即使是冬天，也不会对蔬菜的生长造成任何影响。

外部温度与水温的温差越大，水的蒸发就越快。每 2 天就应该加一次水。

 一旦生出绿藓，应该怎么办好呢？

 无论怎样进行遮光，幼苗放置在水培托盘中 1 个月以后，还是会生出绿藓。

　　如果是水培托盘内的营养土上出现了绿藓，可以把营养液全部倒掉，然后注入能够完全没过营养土的自来水。取一双筷子，轻轻撬起绿藓的底部，把绿藓整个剥离掉。

　　另外，如果洗菜篮或者托盘里出现了绿藓，请参考下一页的内容，用流水和海绵进行清洗。

用流水冲刷生出绿藓的部位，用海绵轻轻擦洗就能洗干净。

用海绵清洗的时候，不要使用洗涤剂。洗干净以后，再重新注入营养液，把水培托盘放置好。

 在高层住宅的阳台上，应该怎么办好呢？

A 阳台上难以使用下水道，所以只能下功夫尽量防止绿藓出现。也就是说，紧密覆盖住营养土的表面非常重要。铝箔纸太薄，使用起来不顺手的话，可以换用铝箔（厨房用铝箔挡在灶台后防止溅油，超市有售）。每一个塑料杯的底部都要用笔画出圆形，然后沿着线条切出圆洞，然后用铝箔紧密地覆盖在营养土上进行遮光。

另外，如果营养土的成分不是蛭石或珍珠岩，而是水苔或椰子壳纤维等植物性素材，是完全可以作为可燃垃圾直接处理的。下面就来介绍一下简单的处理方法。

①收获以后，首先揭开避光纸片，然后用筷子取出海绵块，最后把塑料杯拿起来。

②在托盘中把剩余的营养土和沥水网整理好，倒扣洗菜篮。这时候，可以看到蔓延的白色根部。

③蜿蜒卷曲、像海绵块一样的白色根茎可以很轻松地摘下来。这些根茎和主枝、营养土一起都可以作为可燃垃圾处理。

④遮光片、塑料杯、沥水网、洗菜篮、托盘等，都可以洗干净妥善保管，以便循环利用。

什么样的素材才能作为营养土使用？

A 营养土的作用是促进蔬菜根部与空气的接触。虽然目前正处于栽培试验过程中，但我认为水苔和沥水网均可作为营养土来使用。虽然在春至夏、夏末至秋进行栽培时，成长速度不如用蛭石来得快，但是因为不存在颗粒飞散、污染周围环境的特点，非常适合用在高层住宅的阳台水培菜园中。

●使用水苔

①把干水苔铺展开，一点点加水使其复原。整体开始蓬松以后，用剪刀剪成5mm~1cm 的小块。

②与其他营养土一样，铺在水培托盘里的沥水网上。然后按照将要摆放塑料杯的位置，把水苔排成列。

③如上页所述，我们需要使用遮光用的抽屉垫纸。按照将要摆放塑料杯的位置，在整幅的抽屉垫纸上面抠出孔洞。

④与使用其他营养土一样，把幼苗海绵块放入塑料杯中后，需要填充一些水苔固定住海绵块。盖住海绵块以后放入水培托盘中。

● 使用沥水网

①把 8 张通常用来盛营养土的沥水网重叠在一起，剪出托盘底部的形状。

②不要把 8 张剪好的沥水网分开，把一张有局部豁口的百洁布铺在上面。

③至此，水培托盘就算做好了。然后把塑料杯底部大小剪好的抽屉垫纸放进来，用于遮光。

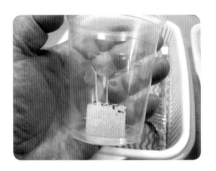

④在塑料杯底开一个小洞，注意洞口应该小于海绵块，防止海绵块掉出来。然后把幼苗海绵块放置在里面。

⑤用来稳固海绵块的营养土，可以是水苔、椰子壳纤维，也可是两者的混合物。

⑥也可以把 8 张网纹无纺布叠在一起，上面铺上抽屉垫纸做成出色的"营养土"。这样，蔬菜就能健康生长了！

⊙后记

　　本书前面介绍过，我家的水培菜园面积非常狭小。

　　培育生菜等大叶子蔬菜的菜园，只是放在一张榻榻米大小空间（约为 1.65m²）里的 4 层架子。培育果实类蔬菜的菜园宽度也不足 1m。初夏到秋季培育西红柿的时候，其实只能放下 3株西红柿苗而已。虽然说是室内栽培，其实地点都在露在外面的窗台上。东南侧窗台宽 1.1m，西南侧窗台宽 0.7m，而实际上我只是用了大约一半的面积。

　　即使空间狭小，我家也几乎是不需要从外面采购蔬菜的。我希望通过我的栽培方法，能让大家不被空间面积所局限，全年都可以收获到美味、无农药的新鲜蔬菜。另外，我很想与大家分享在家轻松培育蔬菜的乐趣，因此决定出版本书。

本书中介绍了 47 种作物的水培方法。在能向大家传递正确的培育方法之前，我也经历了苦思冥想、反复尝试、失败改良的过程。

2006 年 8 月，我曾经出版过《慵懒大叔的超简单水培种植——什么时候都能吃到的生菜！》一书。那时候也是在马上要定稿印刷之前，我才确定出了新的栽培方法。所以书后有一篇追记的内容。

那是用茶叶包制作栽培袋的方法，灵感来自《新闻早报》上刊登的速溶咖啡包广告。那是一张咖啡粉被按量、用纸袋分成单独的小包装，固定在杯子上以后注入热水的照片。后来我反复尝试、反复失败，最终完成了茶叶包栽培袋的创作。

不久，我又发现像葱、日本芜菁、架豆、豌豆……这样的正宗蔬菜也能在一小把营养土上直接播种，更能结出像样的果实。曾经有位家庭菜园的专家说过："为了结出健壮的果实，应该使用较深的容器，让根深深地扎进土壤里才行。"但在水培菜园中，即使只有 5mm 深的营养土，作物的根部也能充分发育，茁壮成长。大概谁都没有想到会这样吧。

此后，又有很多了不起的发现。

我的水培菜园中，不使用农药。为了防治病虫害，我曾经使用过含有 EM 菌成分的天然农药（含有 EM 菌、水、蜜糖、醋、烧酒等天然成分），还用过"竹酸液"（从竹子中提取的天然农药）。但后来发现绿叶蔬菜是无论如何都会被小虫子啃食的，当时还真的苦恼过一段时间。

忽然有一天，便利店里的洗衣网兜吸引了我的目光。如果用这样的洗衣网兜立在生菜外面，无纺布的网眼应该可以防虫……我这样想着，赶紧买回家试了一下。

防虫网

有这样的防虫网之前，小虫子会从
各种缝隙钻进来，菜叶全军覆没的
时候也常会发生。现在用了这样的
防虫网，病虫害对策可谓完美无
缺。

不出意料，终于培育出了一棵完全没有虫子眼的生菜。不久以后，我又买到了大号洗衣袋。就这样，我把它命名为"防虫网"。

在写本书的书稿过程中，我也在不断开发新的栽培方法。改良永远在持续，没有终点。本书中介绍的栽培方法，不过是我的个人见解。希望各位读者根据自身所处的环境，开发出更适合自己的栽培方法。如此一来，每个家庭都可以满足于"自产自销"的家庭菜园了。

请不要以营利为目的对外销售这样培育出来的蔬菜。水培菜园的种植方法，更多是希望大家从中获得乐趣。还是不要踏入以销售为目的的专门领域吧。如果想参考本书中的栽培方法来制作相关装置器具，或者将栽培出来的作物当成商品销售，请事前得到我的认可。毕竟，这些新实践方案是由我开发出来的。

伊藤龙三

100EN GOODS DE SUIKO SAIEN by Ryuzo Ito
Copyright © Ryuzo Ito 2012
All rights reserved.
Original Japanese edition published by SHUFUNOTOMO Co.,Ltd.

This Simplified Chinese edition published by arrangment with
SHUFUNOTOMO Co.,Ltd.,Tokyo in care of Tuttle—Mori Agency,Inc., Tokyo
through Beijin GW Culture Communications Co.,Ltd.,Beijing

©2015，简体中文版权归辽宁科学技术出版社所有。
本书由SHUFUNOTOMO Co.,Ltd.授权辽宁科学技术出版社在中国大陆独家出版简体
中文版本。著作权合同登记号：06-2014第115号。